美国西海岸当代景观与建筑设计盛宴

FEAST OF CONTEMPORARY LANDSCAPE AND ARCHITECTUAL DESIGN ON THE WEST COAST OF AMERICA

《景观设计》杂志社 编

图书在版编目（CIP）数据

美国西海岸当代景观与建筑设计盛宴：汉、英/罗敬萍，陈朝婕编著. -- 大连：大连理工大学出版社，2012.9

ISBN 978-7-5611-7332-9

Ⅰ. ①美… Ⅱ. ①罗… ②陈… Ⅲ. ①景观设计—美国—图集 Ⅳ. ①TU986.2-64

中国版本图书馆CIP数据核字(2012)第227020号

出版发行：大连理工大学出版社
（地址：大连市软件园路80号 邮编：116023）
印　　刷：利丰雅高印刷（深圳）有限公司
幅面尺寸：285mm×285mm
印　　张：28
字　　数：118千字
出版时间：2012年10月第1版
印刷时间：2012年10月第1次印刷
策划编辑：苗慧珠
责任编辑：刘晓晶
责任校对：周　阳
版式设计：王　江　张建实

ISBN 978-7-5611-7332-9
定　价：338.00元

电　话：0411-84708842
传　真：0411-84701466
邮　购：0411-84708943
E-mail:dutp@dutp.cn
http://www.landscapedesign.net.cn

目 录

Contents

旧金山
San Francisco
拉斯维加斯
Las Vegas
洛杉矶
Los Angeles
圣地亚哥
San Diego

Hotel Space

酒店空间

CRYS
SHOPPING · D
Beso
Steakhouse
CHECKER
873-2000
3814
YELLOW
CAB

阿丽雅赌场酒店
Aria Resort and Casino

CRYSTALS

EXPRESS

888-4888

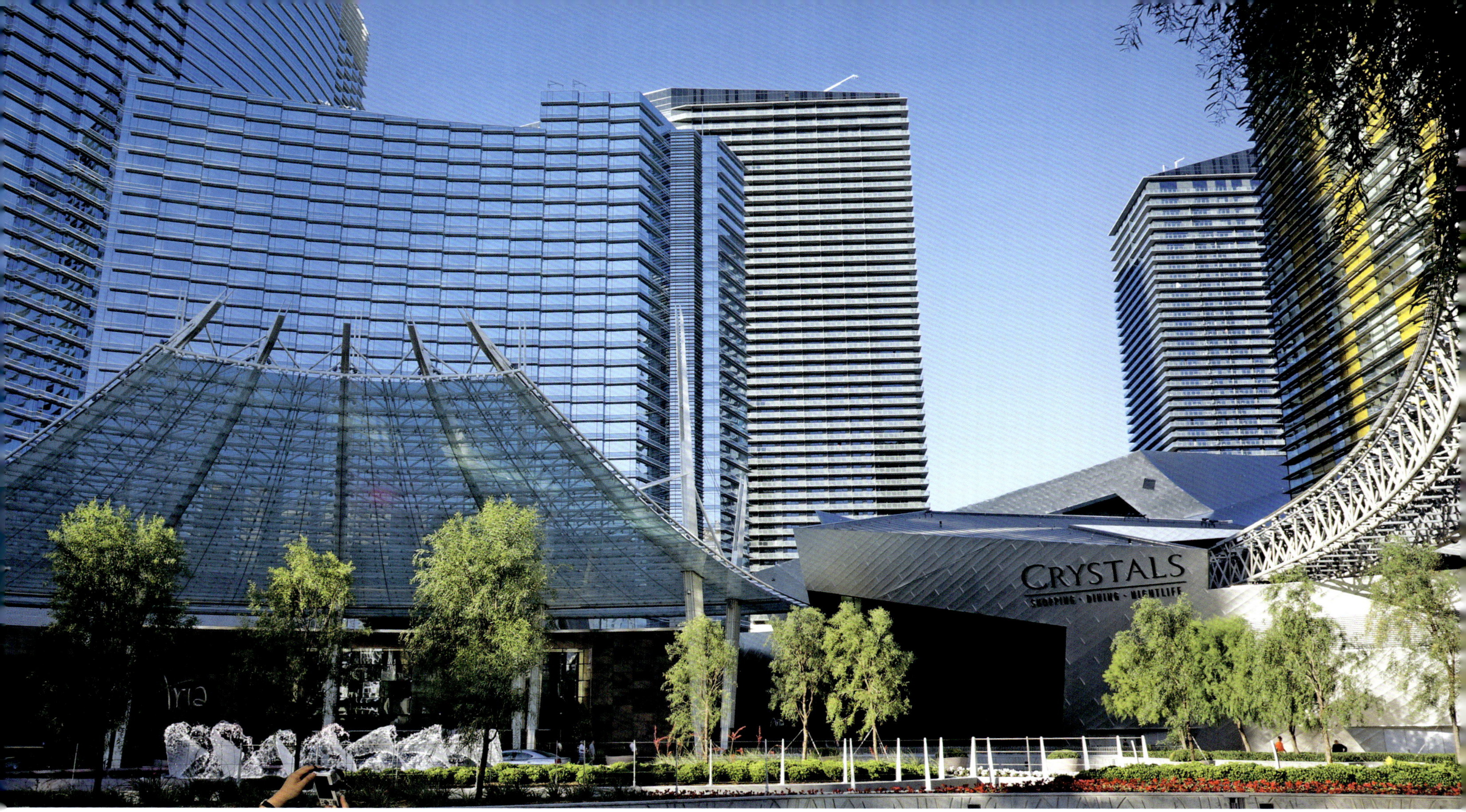

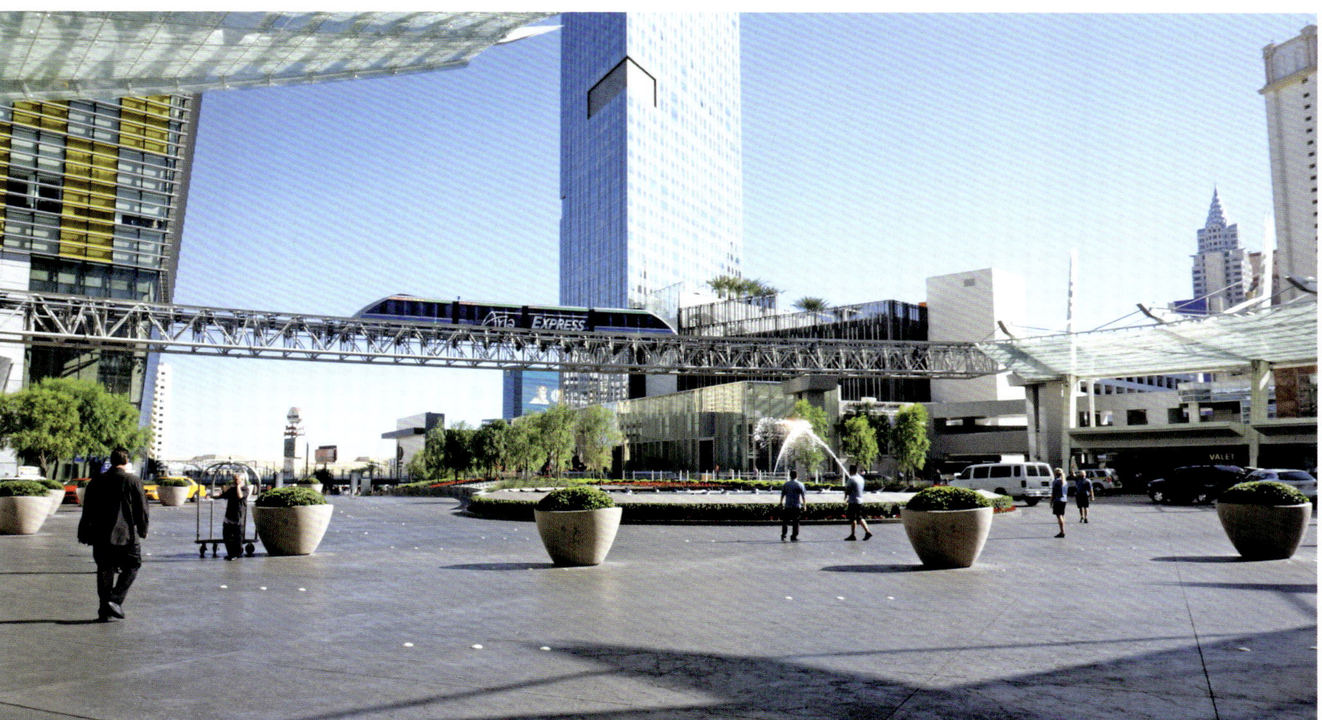

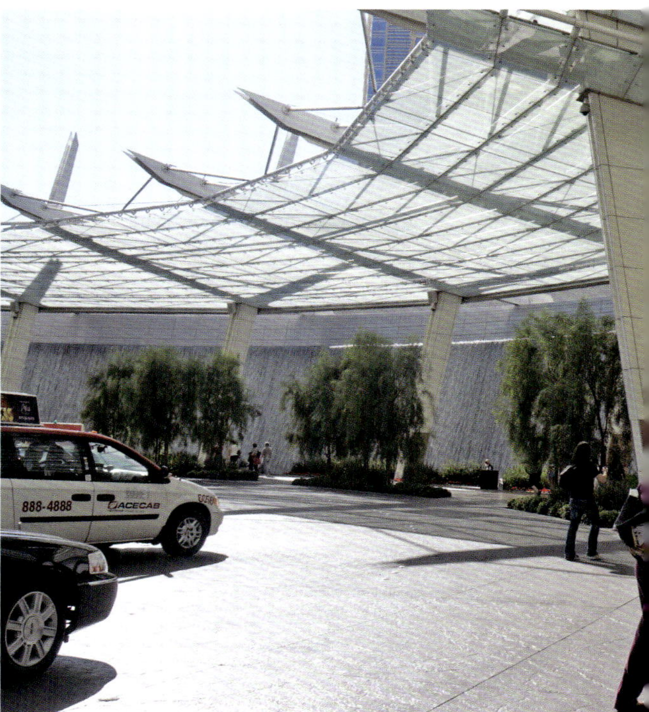

Aria

Tapas
julian
serrano

CONCIERGE
KEYS
MAIL

CHECK-IN

elements
ARIA

julian
serrano
Tapas
Esquire

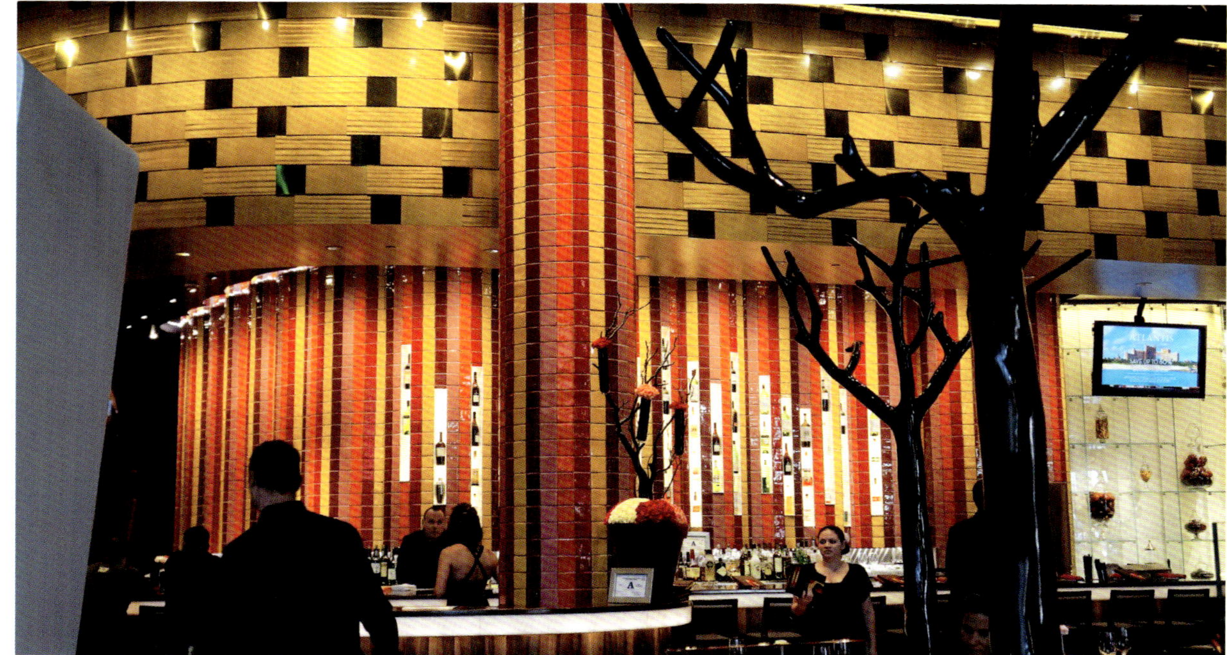

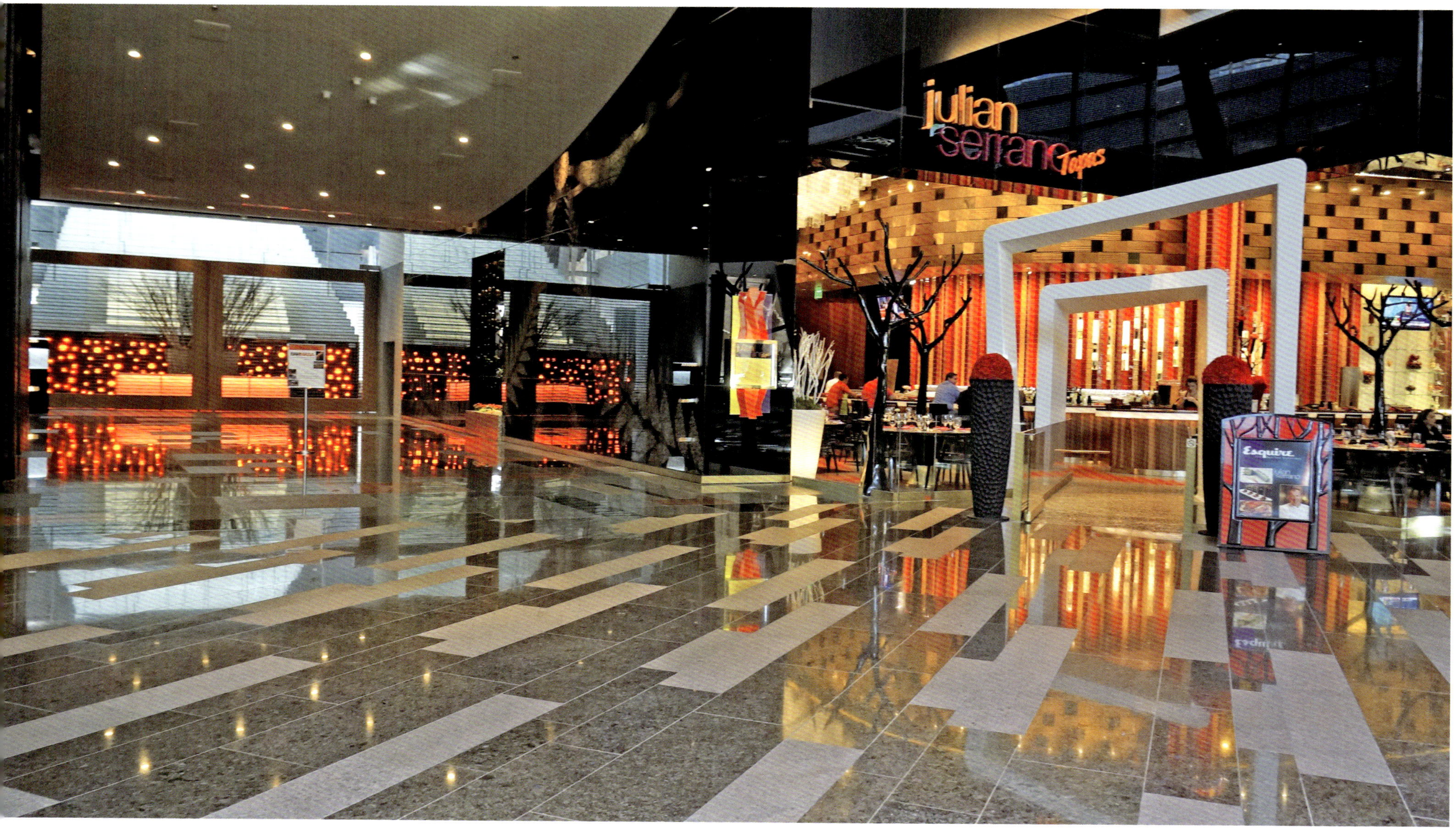

julian
serrano

TODD ENGLISH
P.U.B.
CRYSTALS
SHOPPING · DINING · NIGHTLIFE

Beso
Steakhouse

Aria

Aria

DOLCE & GABBANA
OPENING SOON

miu miu

HARRY WINSTON

WOLFGANG PUCK
PIZZERIA
&
CUCINA

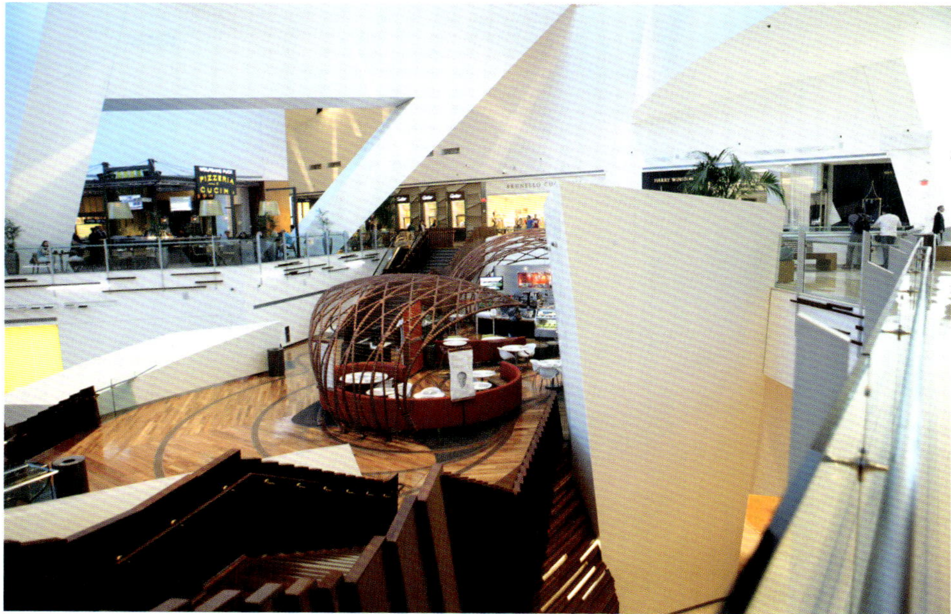

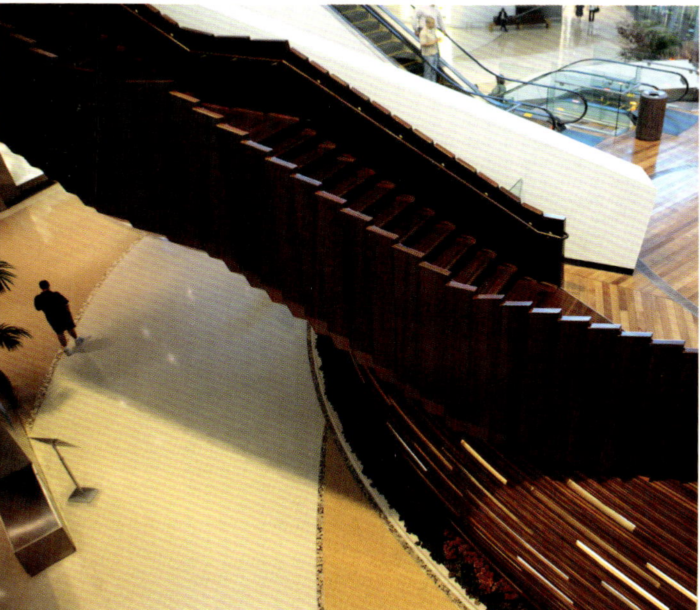

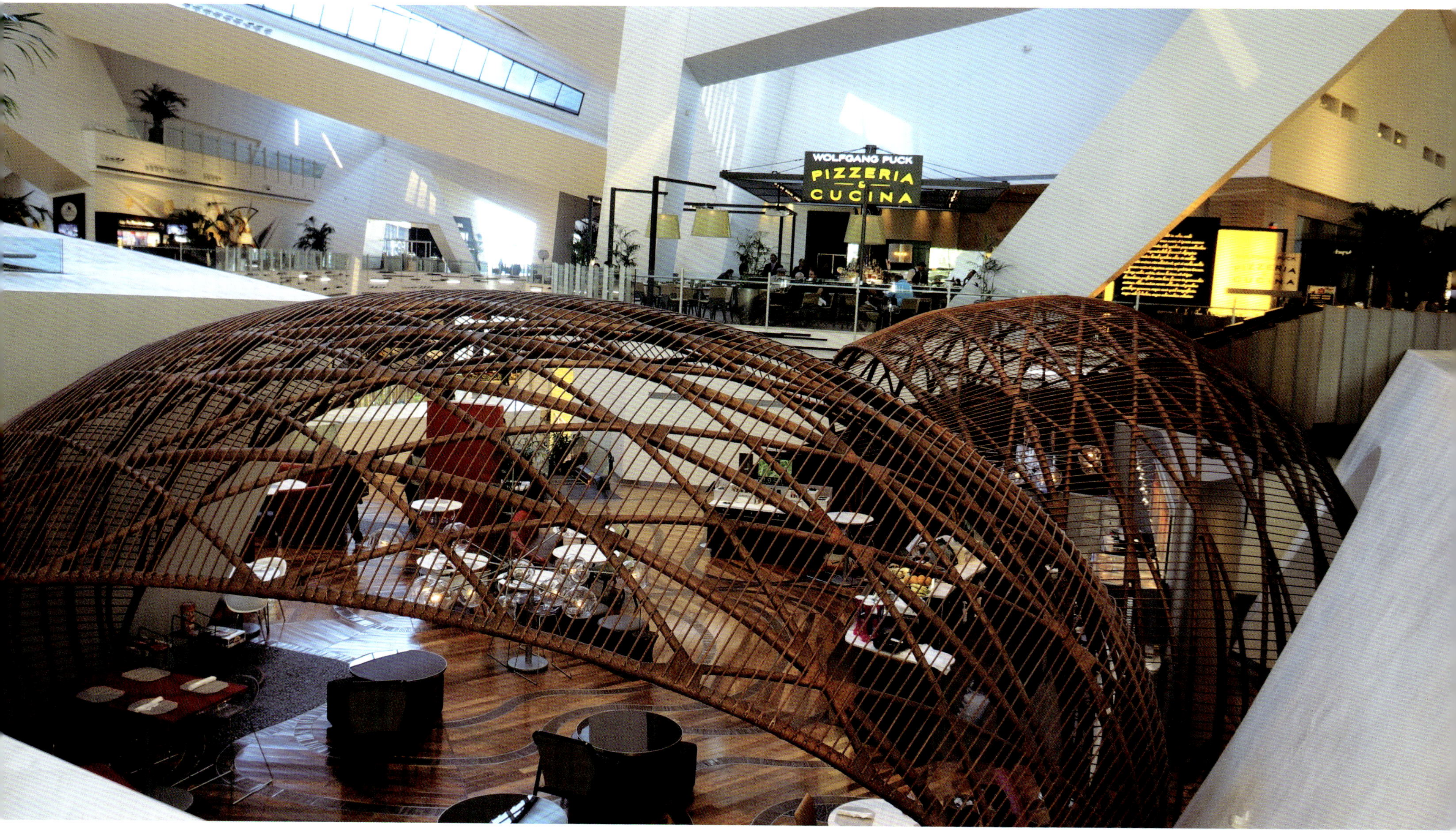

PUCK
DOLCE&GABBANA
OPENING SOON
miu miu
miu miu

DOLCE & GABBANA
OPENING SOON
miu miu

DOLCE & GABBANA
OPENING SOON

LOUIS VUITTON

LOUIS VUITTON

BVLGARI

TOM FORD

MASTRO'S
OCEAN CLUB

To Harmon
Sky Bridge

RESORT & CASINO

DINING · NIGHTLIFE
Aria
EXPRESS
View model homes by appointment

G

GUCCI

ANDALAY BAY
THEhotel

金字塔酒店
Luxor Hotel

THE MOST SPECTACULAR ILLUSIONS
FROM THE MAGICIAN OF THE CENTURY

BAY

mlife.com

T&T

LUXOR
TICKETS

石中剑酒店
Excalibur Hotel and Casino

VALET
CLEARANCE
11' 4"
DO NOT
ENTER

SLOW
PEDESTRIAN
CROSSING

TRAM STATION
TO
MANDALAY
BAY
YIELD
VALET

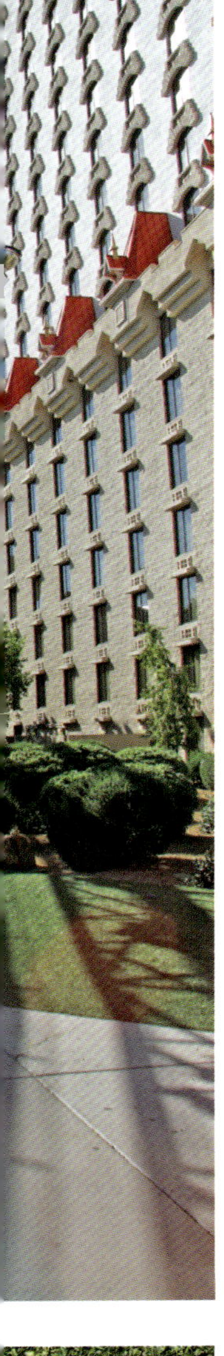

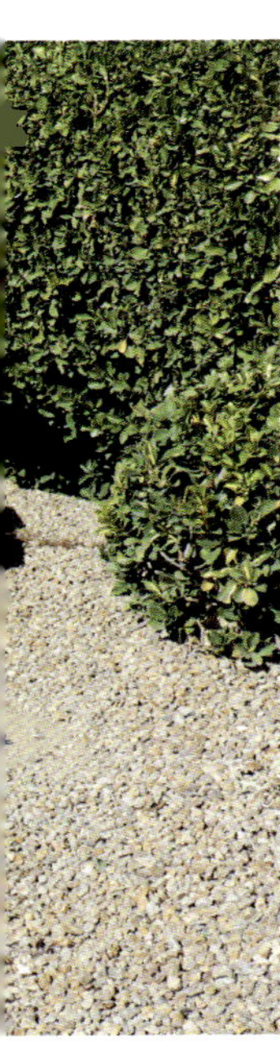

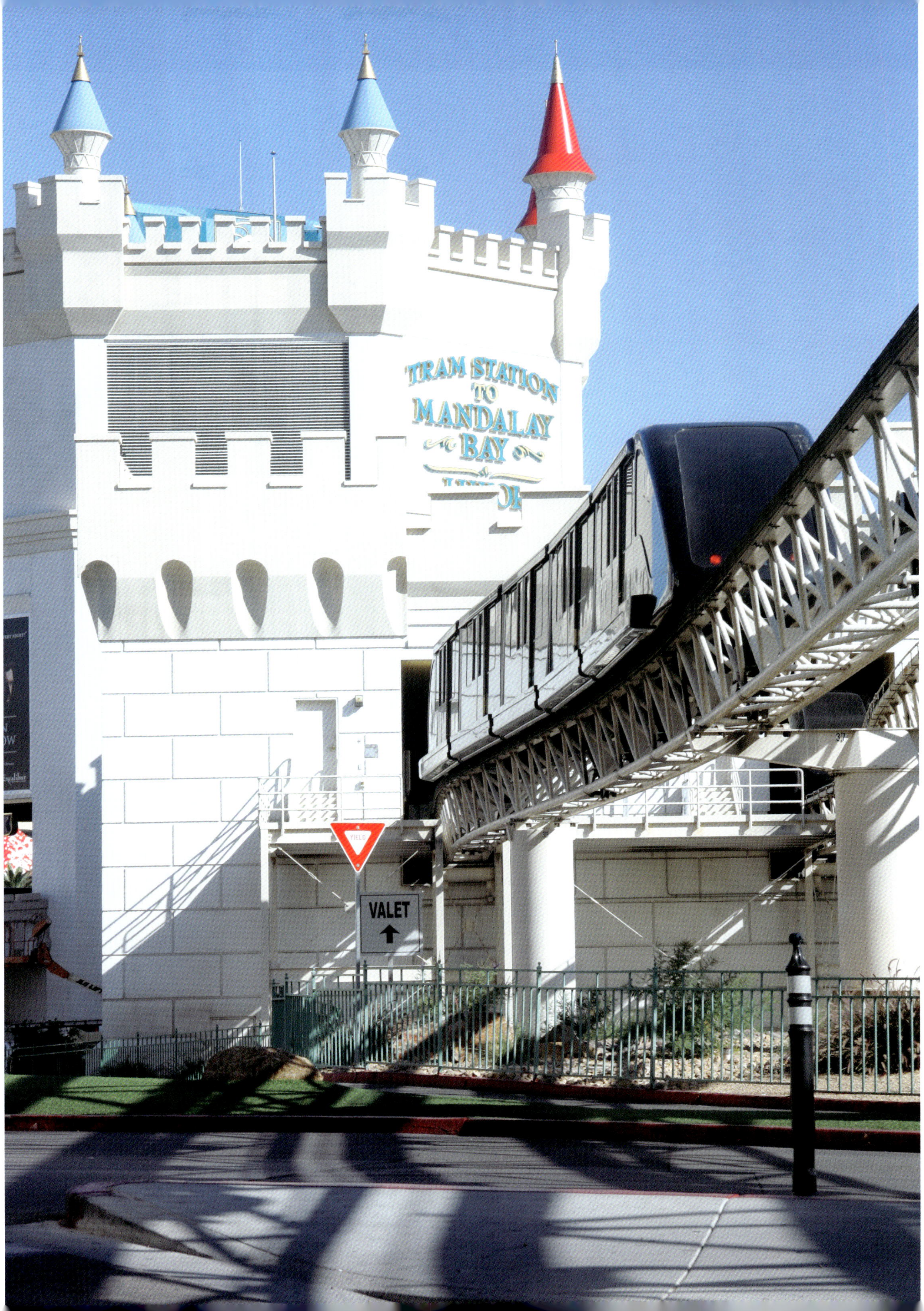

TAXI
Rok
NEW YORK
TAXI

纽约纽约酒店
New York-New York and Casino

NEW YORK NEW YORK

NEW YORK
NEW YORK
SPORTS
ROK
ZUMANITY
CIRQUE DU SOLEIL

MGM
DAVID
THE CITY OF ENTERTAINMENT
MGM
GRAND
ALTER YOUR REALITY
DAVID COPPERFIELD

米高梅大酒店
MGM Grand Hotel and Casino

ERFIELD

MGM
CRAZY HORSE
8PM - 10:30PM
CIRQUE DU SOLEIL.
THE CITY OF
ENTERTAINMENT
Tropicana Ave
HOT BABES
DIRECT TO YOU!

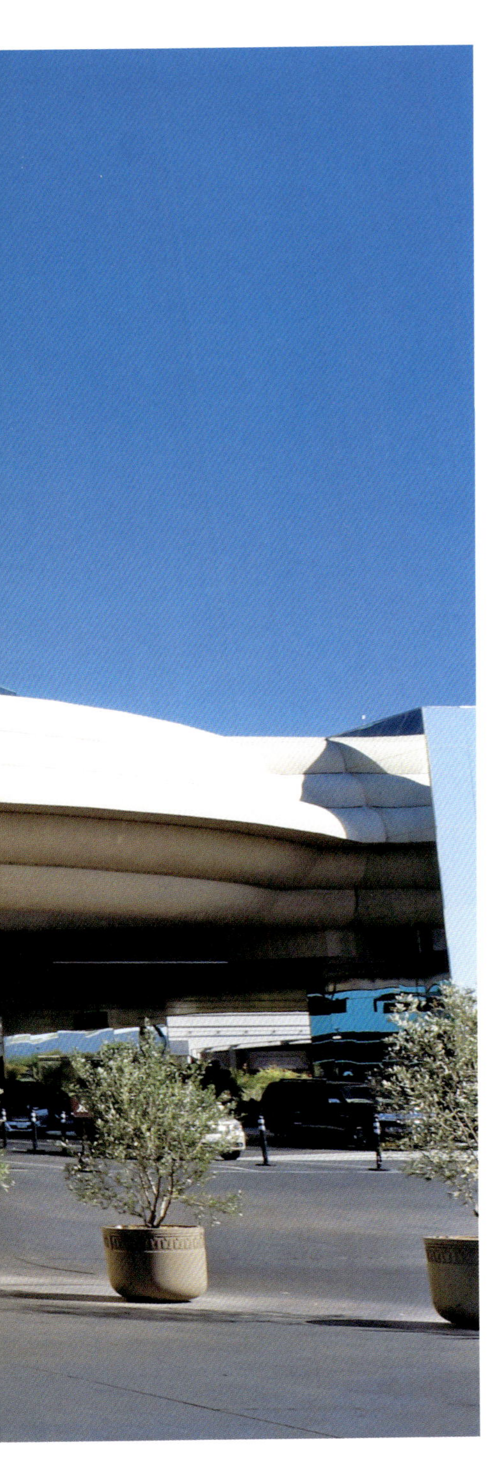

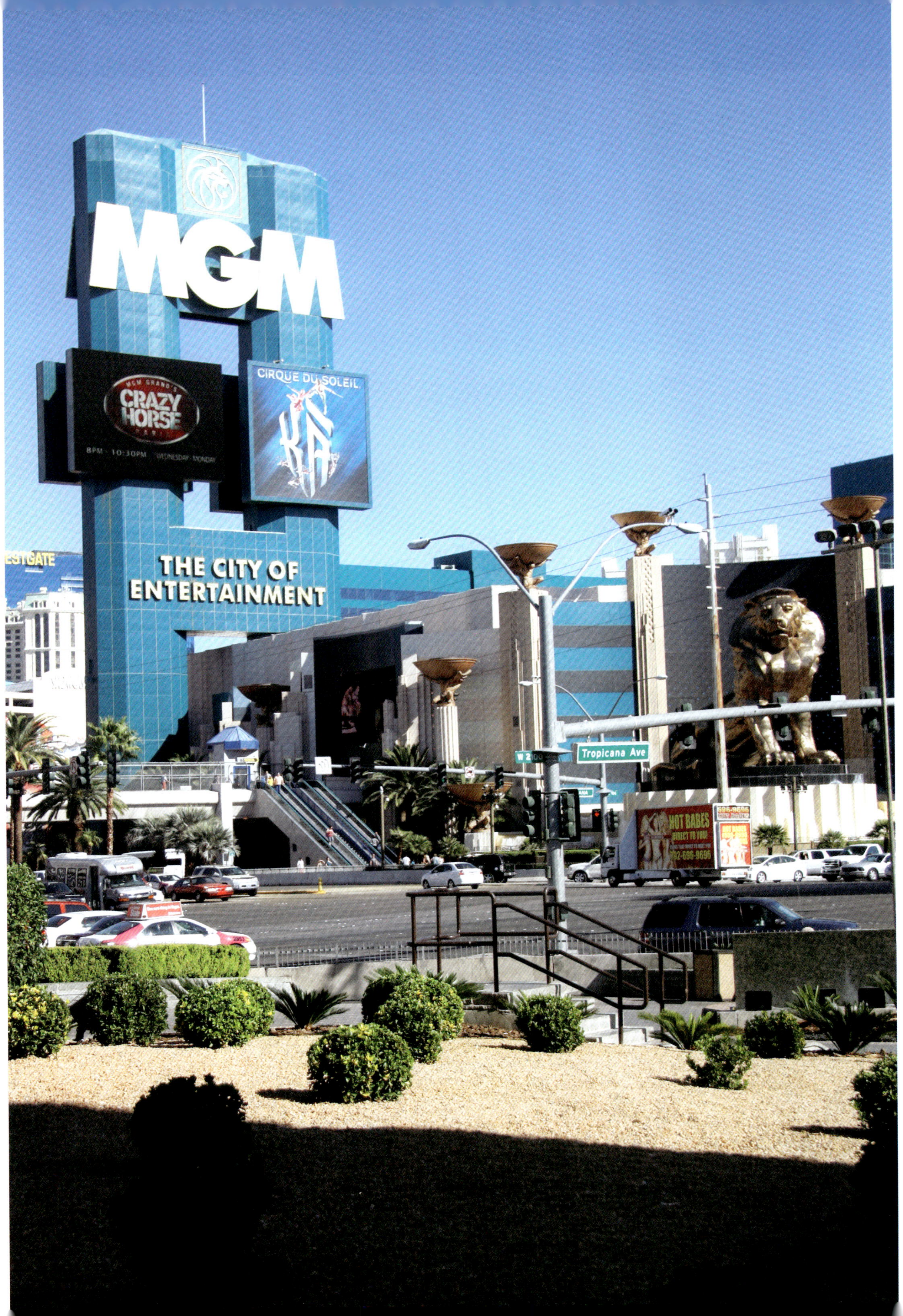

MGM GRAND
THE CITY OF ENTERTAINMENT

LION HABITAT

Rainforest
CAFE

Rainforest Cafe
A WILD PLACE TO SHOP AND EAT
MGM GRAND
LAS VEGAS, NV

CONCIERGE
Welcome to MGM Grand
Bienvenido al MGM Grand

Zeffirino
CHAPEL

威尼斯人酒店
Venetion Hotel

SWAROVSKI

PANDORA

VEGAS
ROYALTY
Thomas Sabo

BALLY'S

百利大酒店
Bally' s Grand Hotel

BALLYS
BALLY'S
PLAY HERE
"MEGA KENO"
10 SPOT

DO NOT ENTER

百乐宫酒店
Bellagio Resort

UP TO
MORE SHOPS
RESTAURANTS

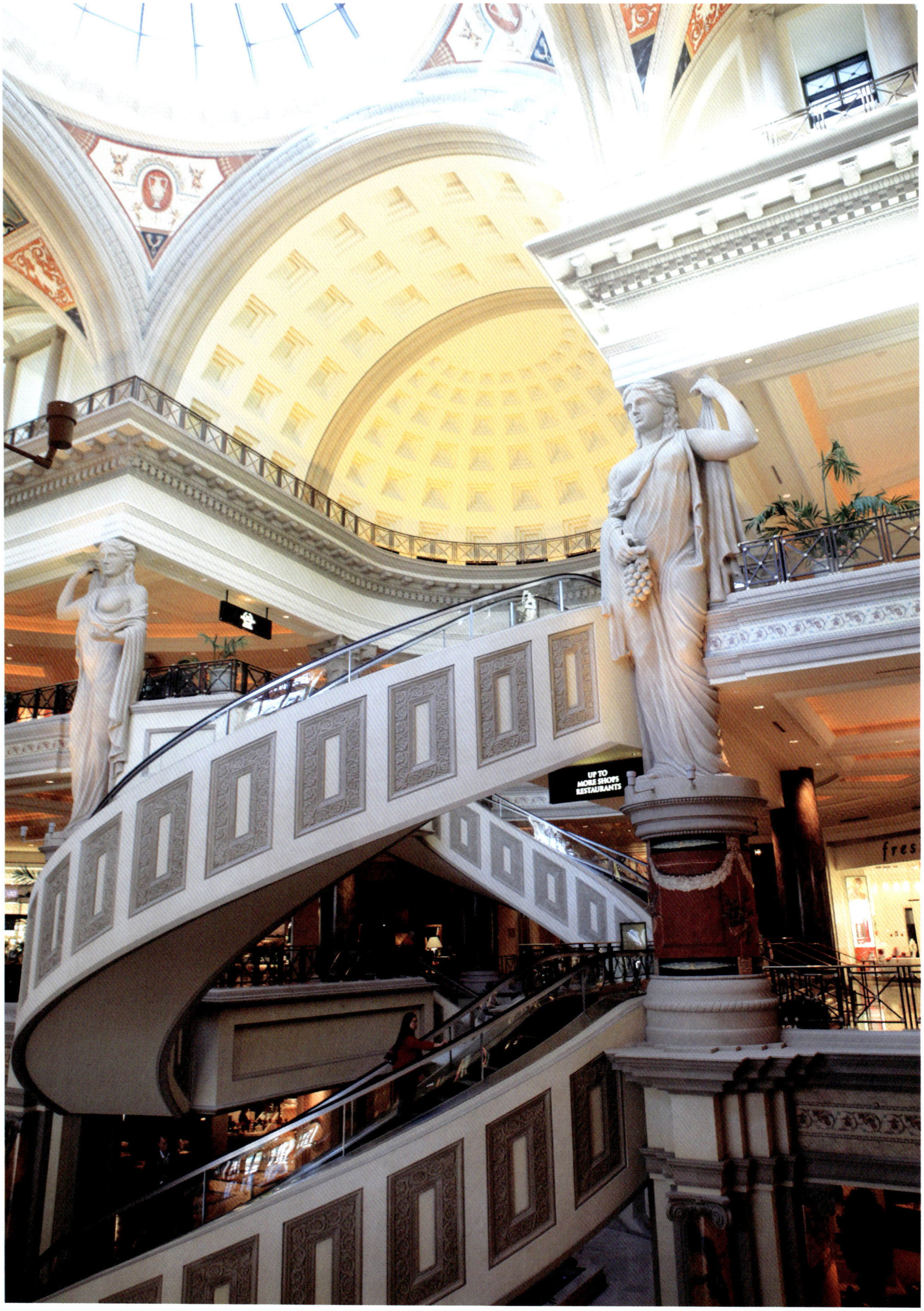

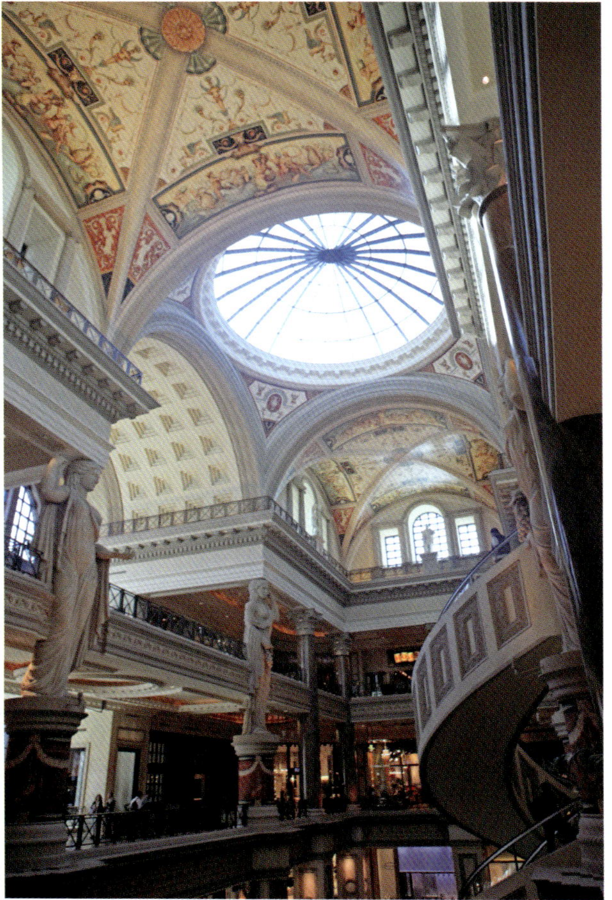

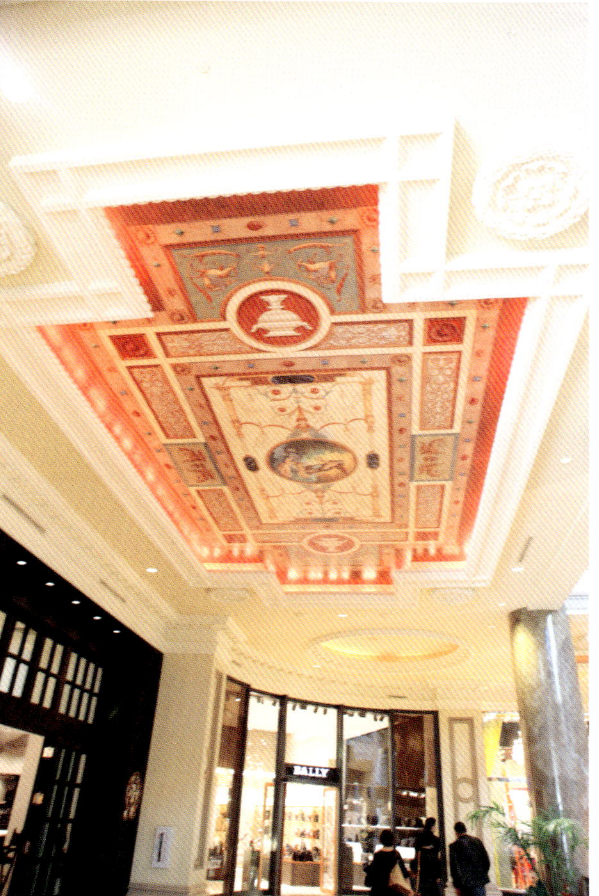

BELLAGIO

R.H. DANA PL
ADELLA AVE
HOTEL DEL CORONADO
Est. 1888

科罗拉多大酒店
Hotel del Coronado

Hotel del Coronado

HOTEL
DEL
CORONADO
Est. 1888

EXIT

文化艺术区

LA PHIL
NUTCRACKER
TOURS

华特·迪士尼音乐厅
Walt Disney Concert Hall

LA PHIL
KPMG

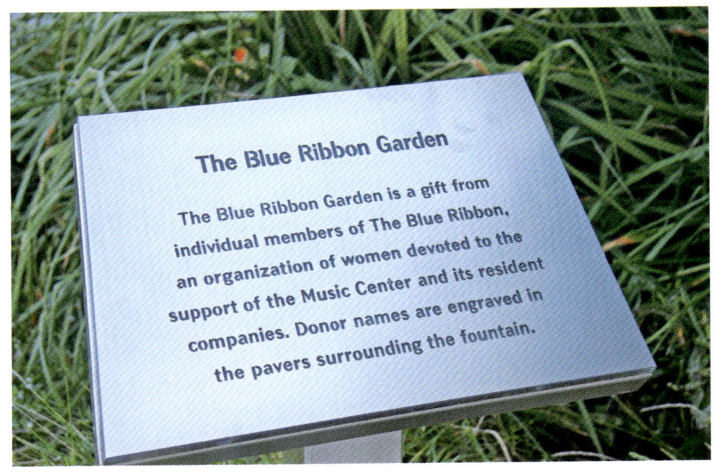
The Blue Ribbon Garden
The Blue Ribbon Garden is a gift from individual members of The Blue Ribbon, an organization of women devoted to the support of the Music Center and its resident companies. Donor names are engraved in the pavers surrounding the fountain.

THE BLUE RIBBON GARDEN
Annette O'Malley
Lucy Ellis

FRATERNITY OF FRIENDS COURTYARD

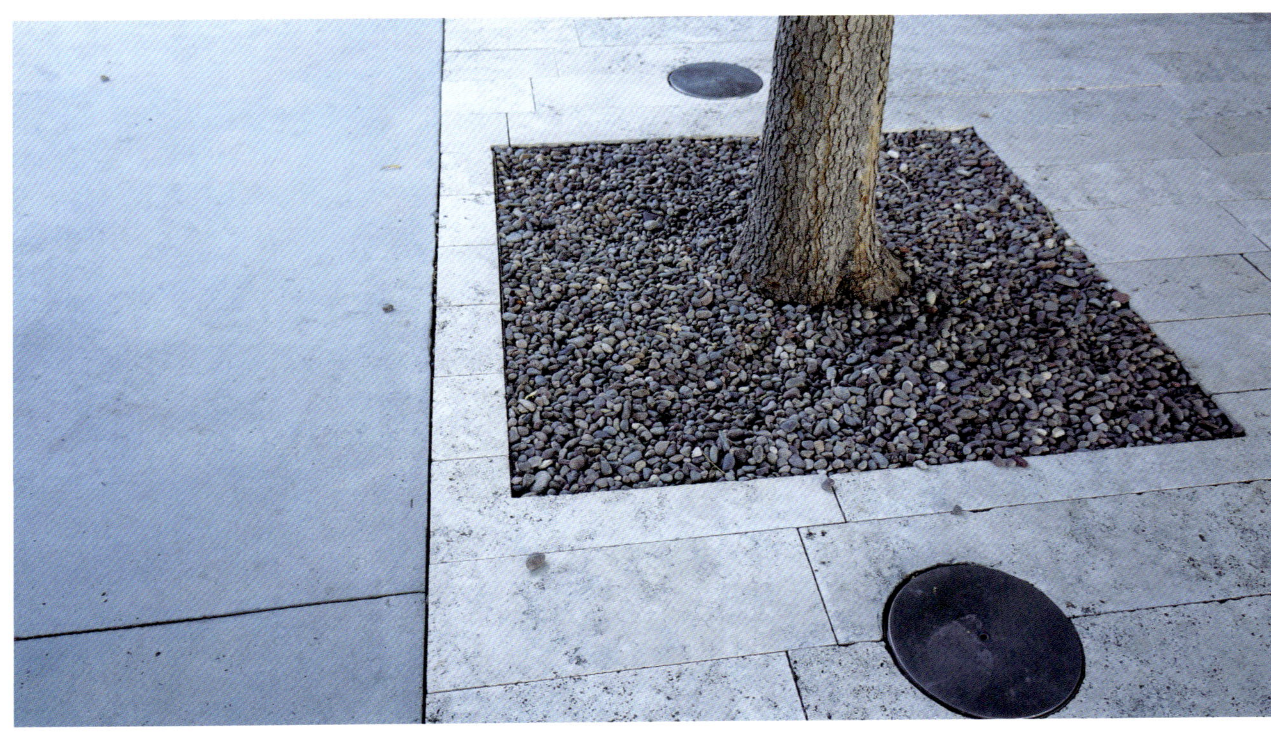

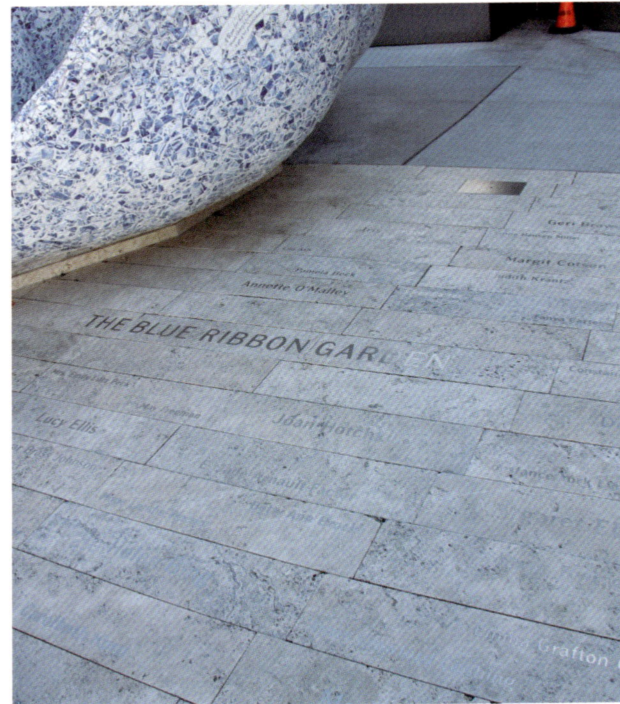

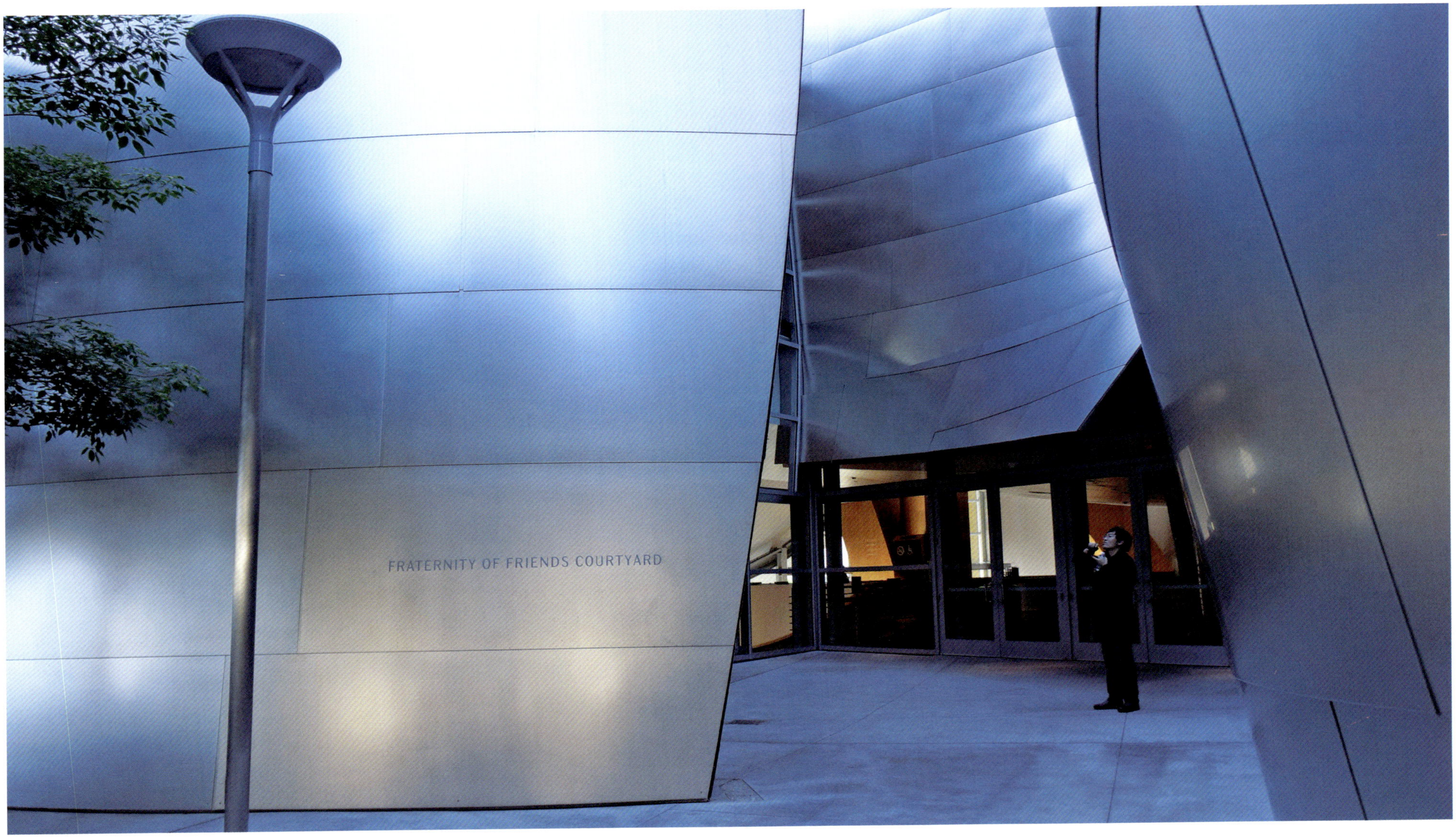

2012 TL
ACURA

David, Jeanne and Addie Janssen

LA PHIL

Angels' Night
2011

洛杉矶音乐中心
Los Argels Muisc Center

MUSIC·CENTER

"DANCE DOOR" BY ROBERT GRAHAM
GIFT OF FREDERICK R. WEISMAN

BRING
THE MUSICAL

PEACE ON EARTH
JACQUES LIPCHITZ
1969

PEACE ON EARTH

MUSIC CENTER
BRING IT ON

165

盖蒂中心
Getty Center

Garden Terrace Café
→ Central Garden

VISIT OUR
Children's Shop
South Pavilion,
Plaza Level

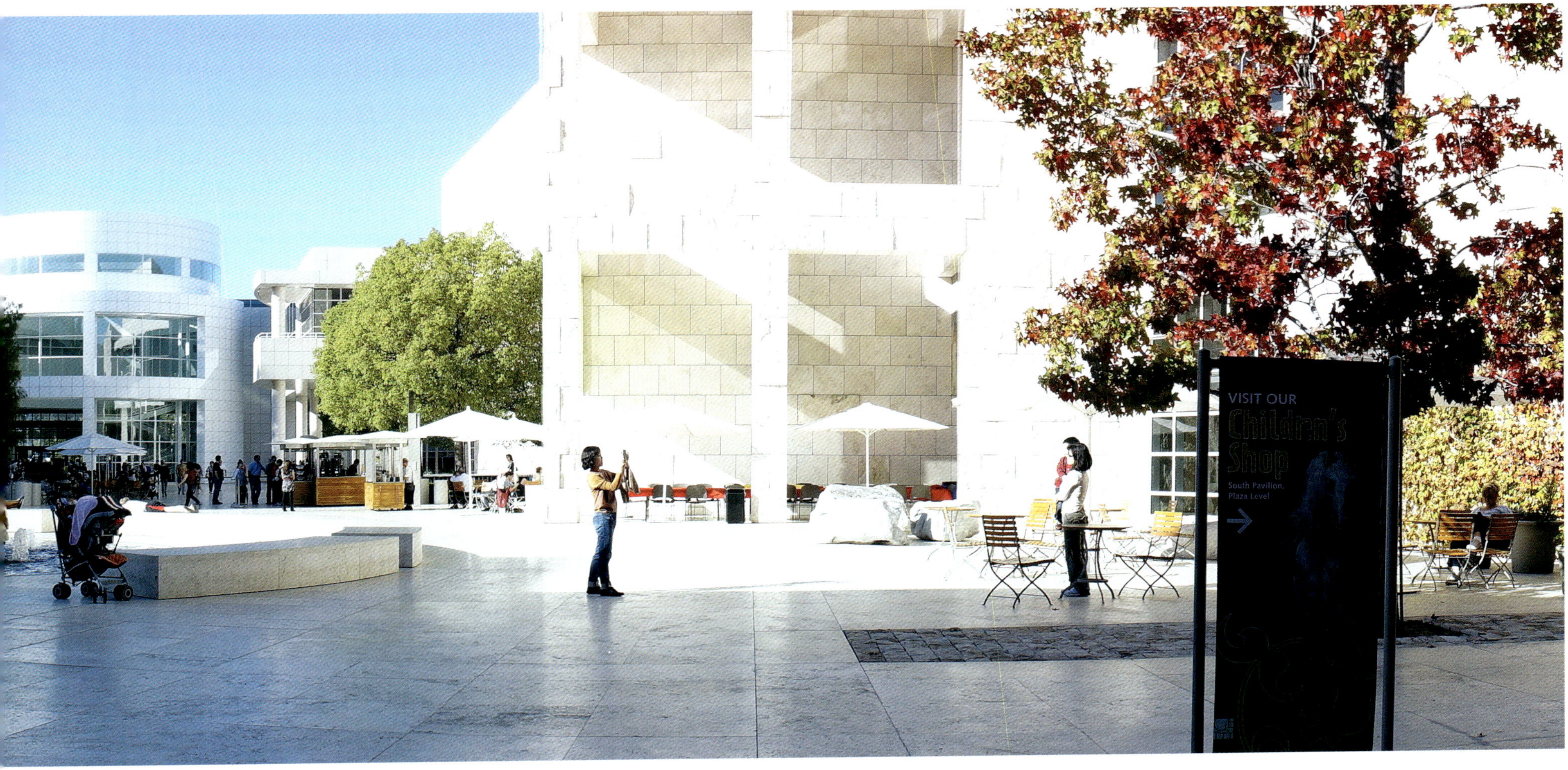

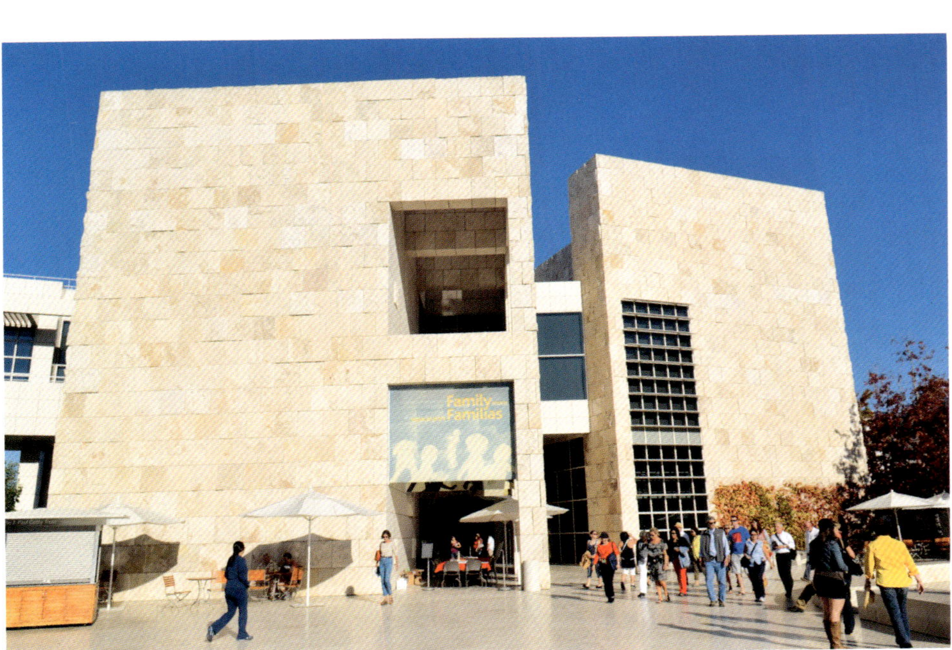

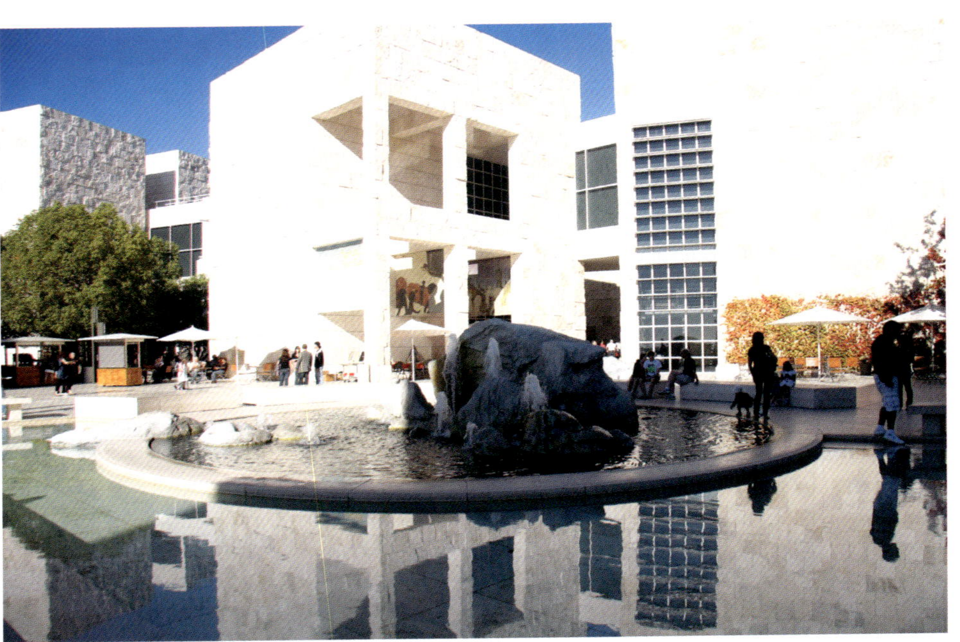

Information
Today

EXIT
EXIT
EXIT

Today

AND RAY STARK SCULPTURE GARDEN

Kimball Education Gallery

笛洋美术馆
De Young Museum

EXIT

加州科学博物馆
California Academy of Sciences

CALIFORNIA ACADEMY OF SCIENCES
Kimball Natural History Museum
Morrison Planetarium
Steinhart Aquarium

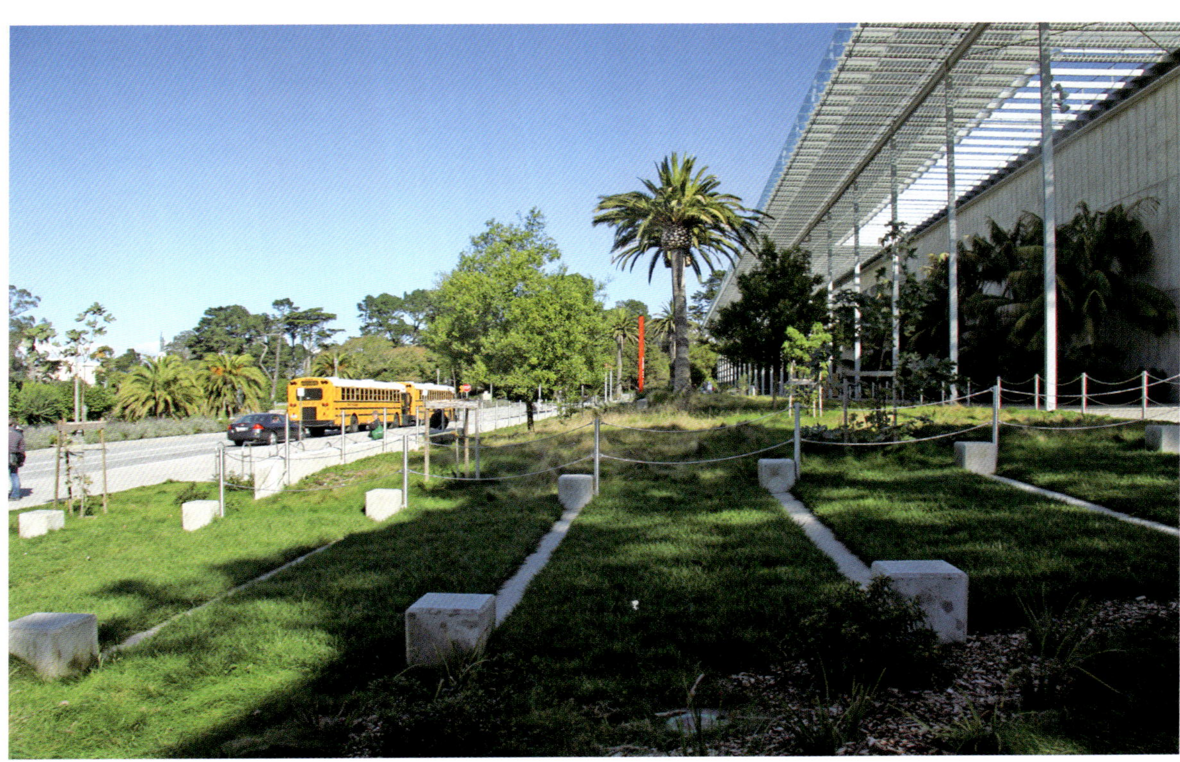

Campus and Business District
校园及商务办公区

STUDENT GOVERNMENT

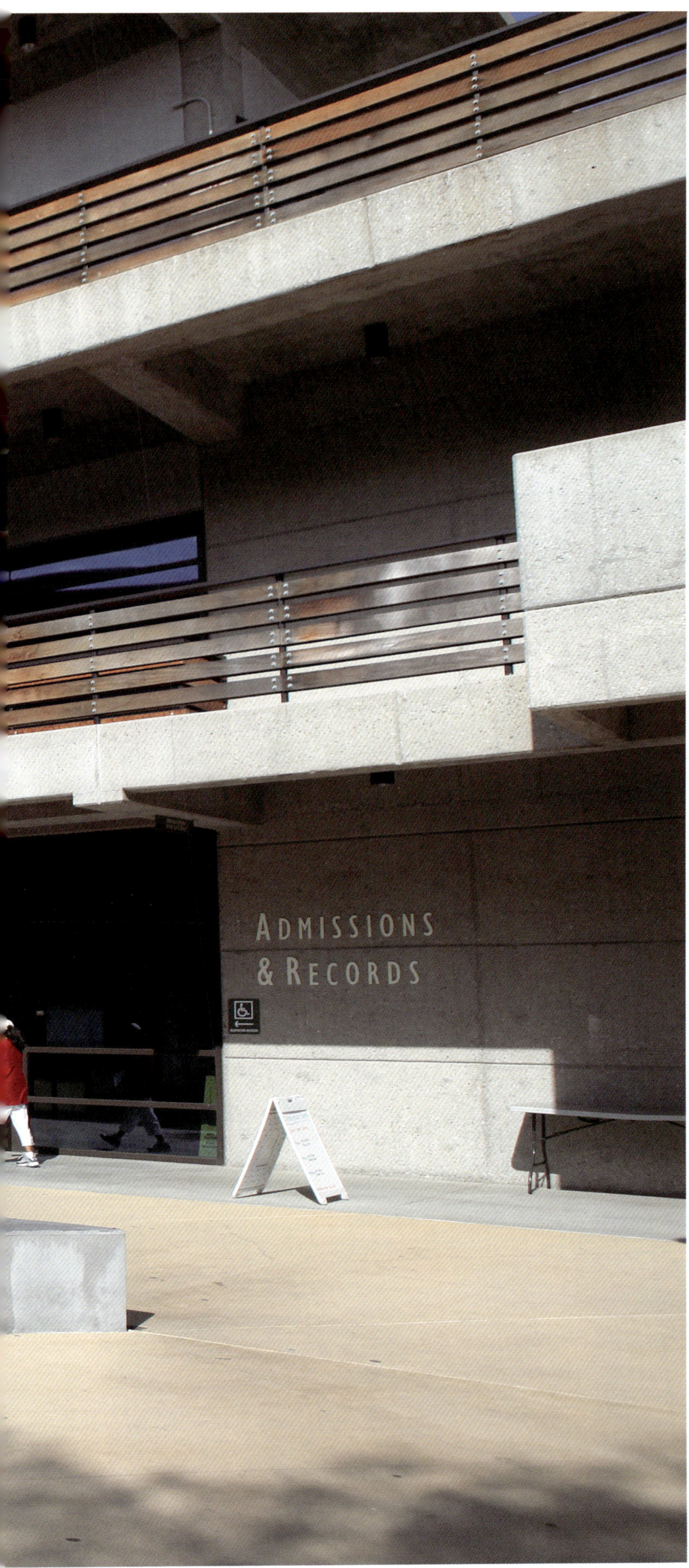

福特希尔学院
Foothill College

Catch a ride
Share a ride
Zimride

GRADUATION
CEREMONY
JUNE 29 * 6 PM

UBA IN FOCUS
CT 27 - DEC 8
KCI GALLERY

Area 8

COLLEGE HOUR
WEEKLY WED. EVENTS
12-1 P.M.
FREE Seasonal Flu Shots
For Foothill Students

CAREER & TRANSFER

ROBERT C. SMITHWICK
THEATRE

CAMPUS CENTER

GYMNASIUM

8500

8600
8500

8500

斯坦福大学
Stanford University

MEMORIAL CHURCH
ERECTED BY
JANE LATHROP STANFORD
TO THE GLORY OF GOD AND IN
LOVING MEMORY OF HER HUSBAND
LELAND STANFORD

RBERT

HOOVER
EDERAL MEMORIAL
STABLISHED BY ACT OF THE
SS OF THE UNITED STATES
MERICA 1975

HISTORY
LANE HISTORY CORNER

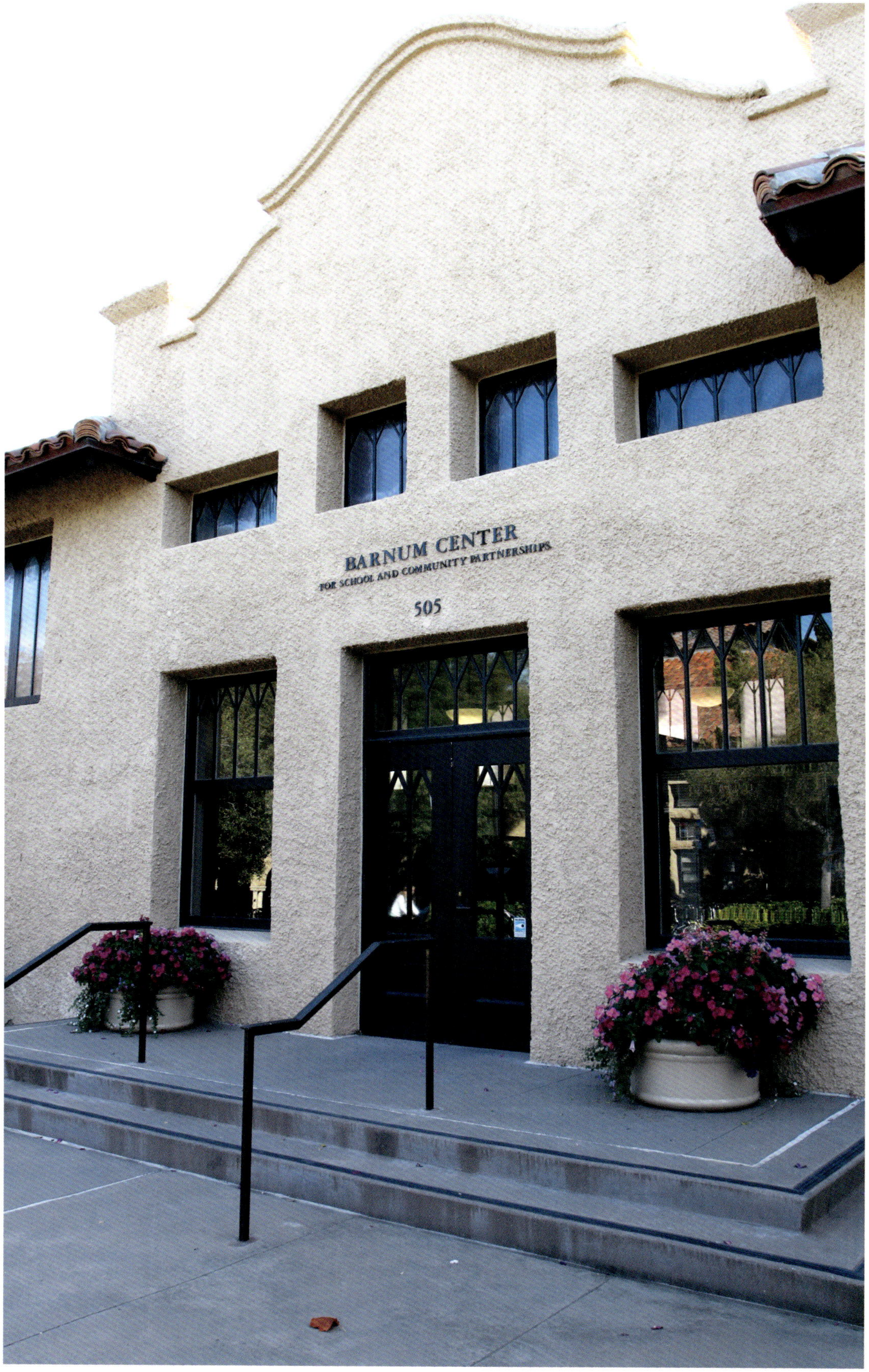

Subway

Google
1808 Shoreline Blvd.

硅谷街区
Silicon Valley Block

Google
1098 Alta Avenue

1625
Building
44
Lobby

Google

Google

42
41

1900

Google
B43
Lobby

43

41

41

The Growing
Connection

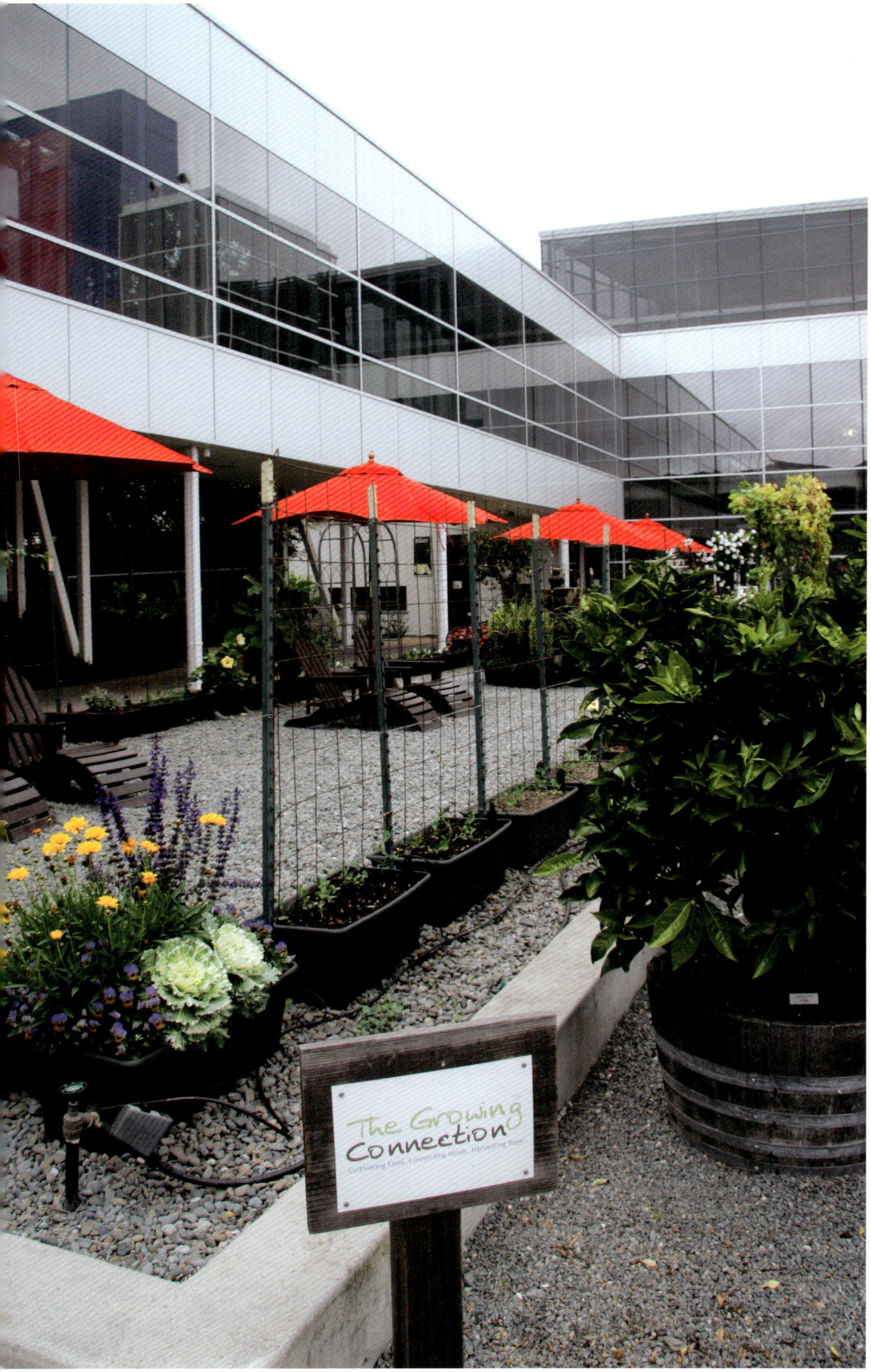

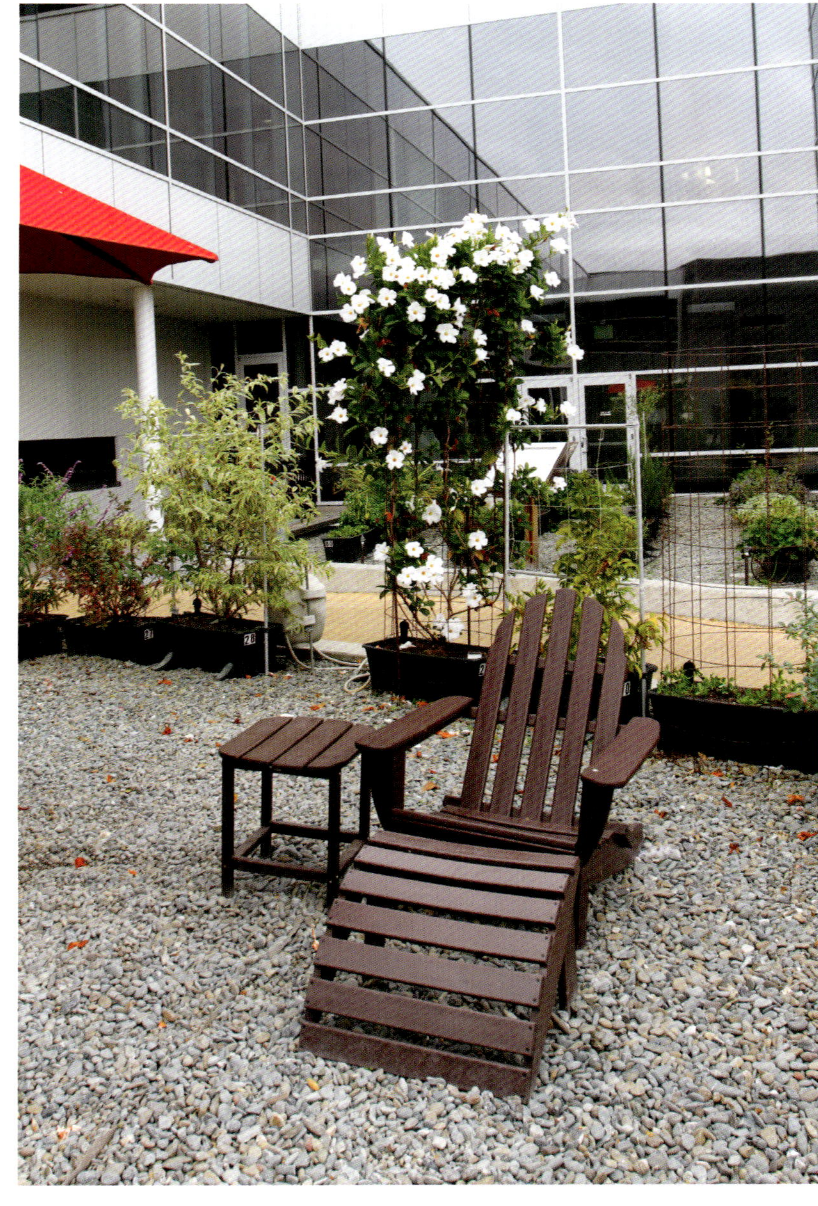

CITY OF MOUNTAIN VIEW
CHARLESTON PARK

Infinite Loop

6 Infinite Loop
6
Infinite
Loop

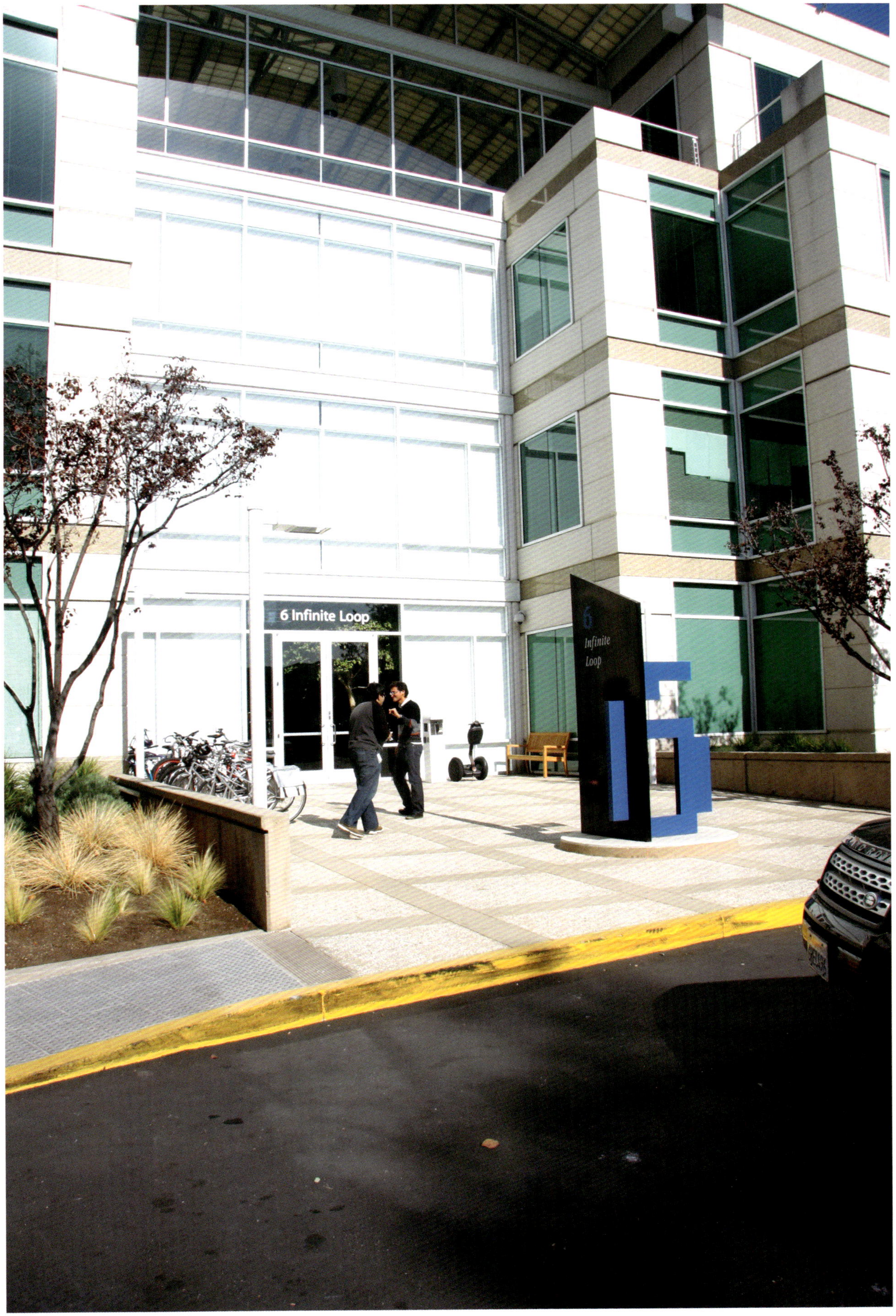

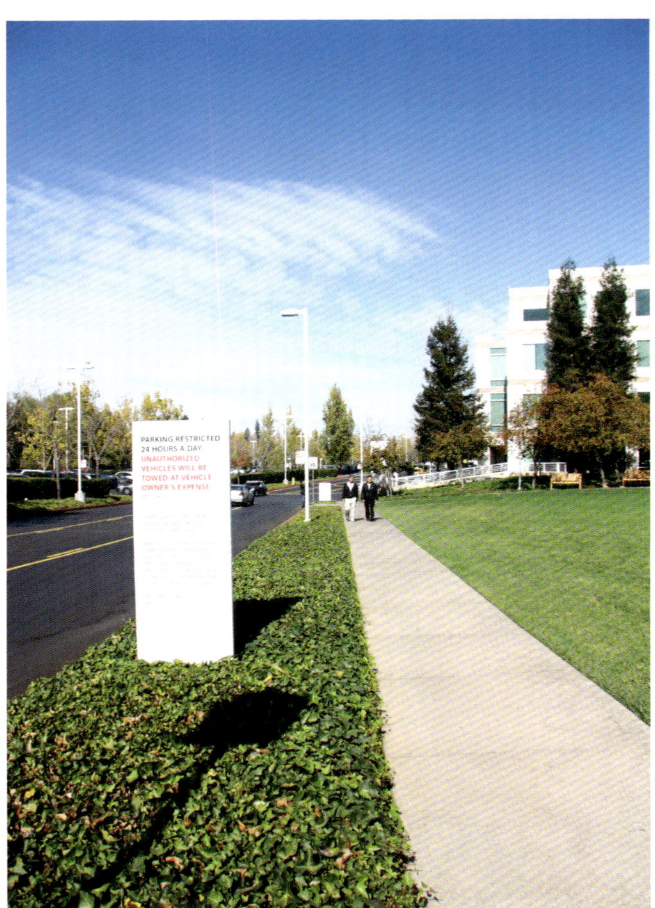

PARKING RESTRICTED
24 HOURS A DAY.
UNAUTHORIZED
VEHICLES WILL BE
TOWED AT VEHICLE
OWNER'S EXPENSE

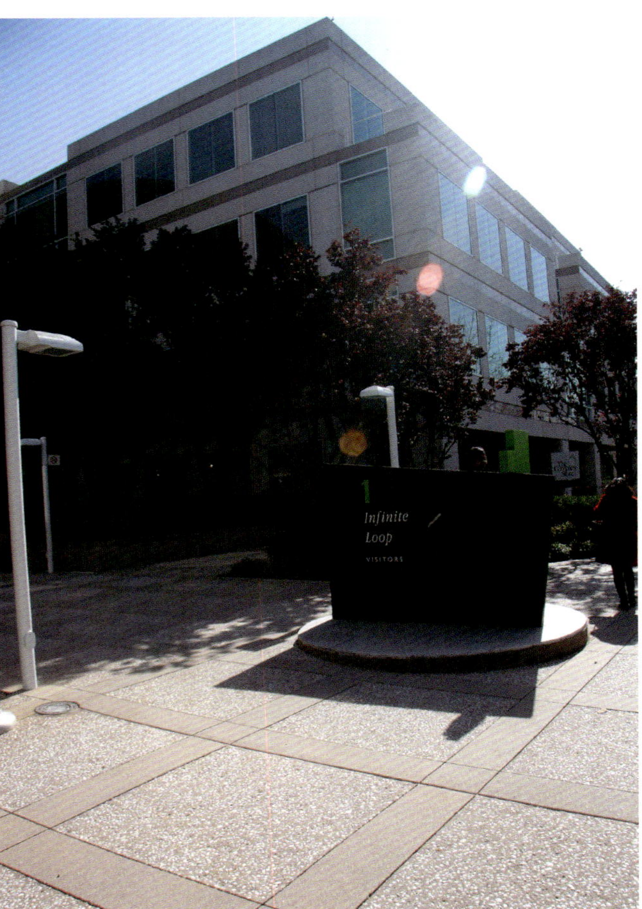

1
Infinite
Loop

Urban Public Space

城市公共空间

耶尔巴布埃纳花园
Yerba Buena Gardens

BREAK AWAY FROM
THE EVERYDAY

METREON

Yerba Buena
Center for the Arts
Within

FedEx

PARK
Office DEPOT

charles SCHWAB
IMPACT 2011

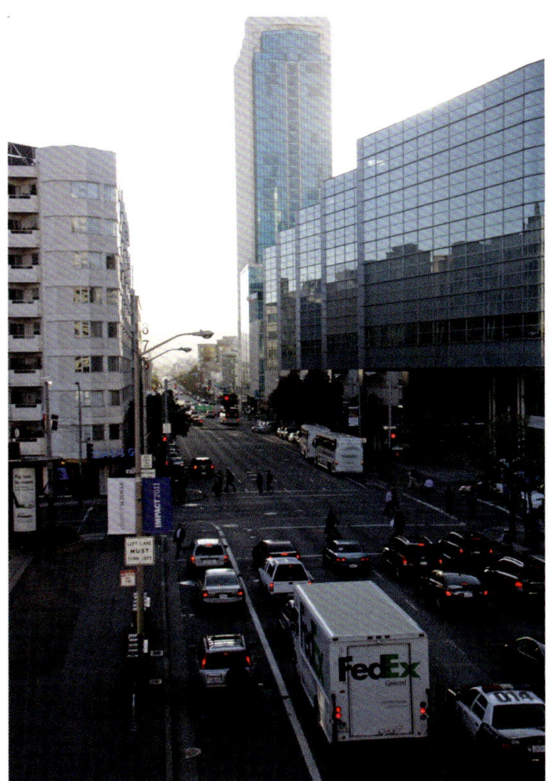

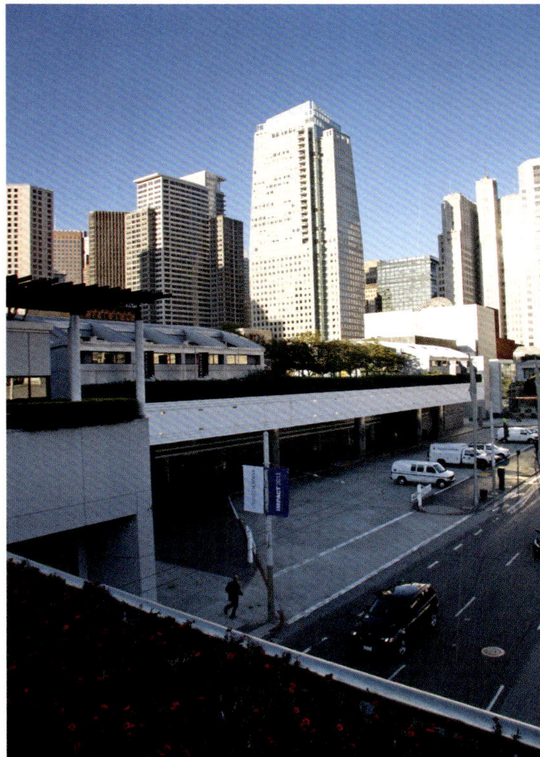

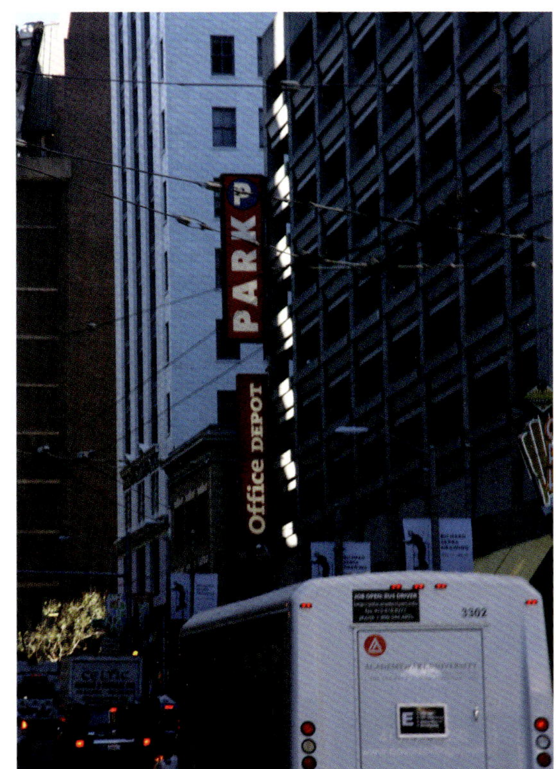

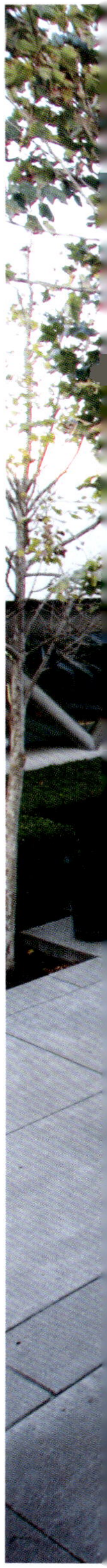

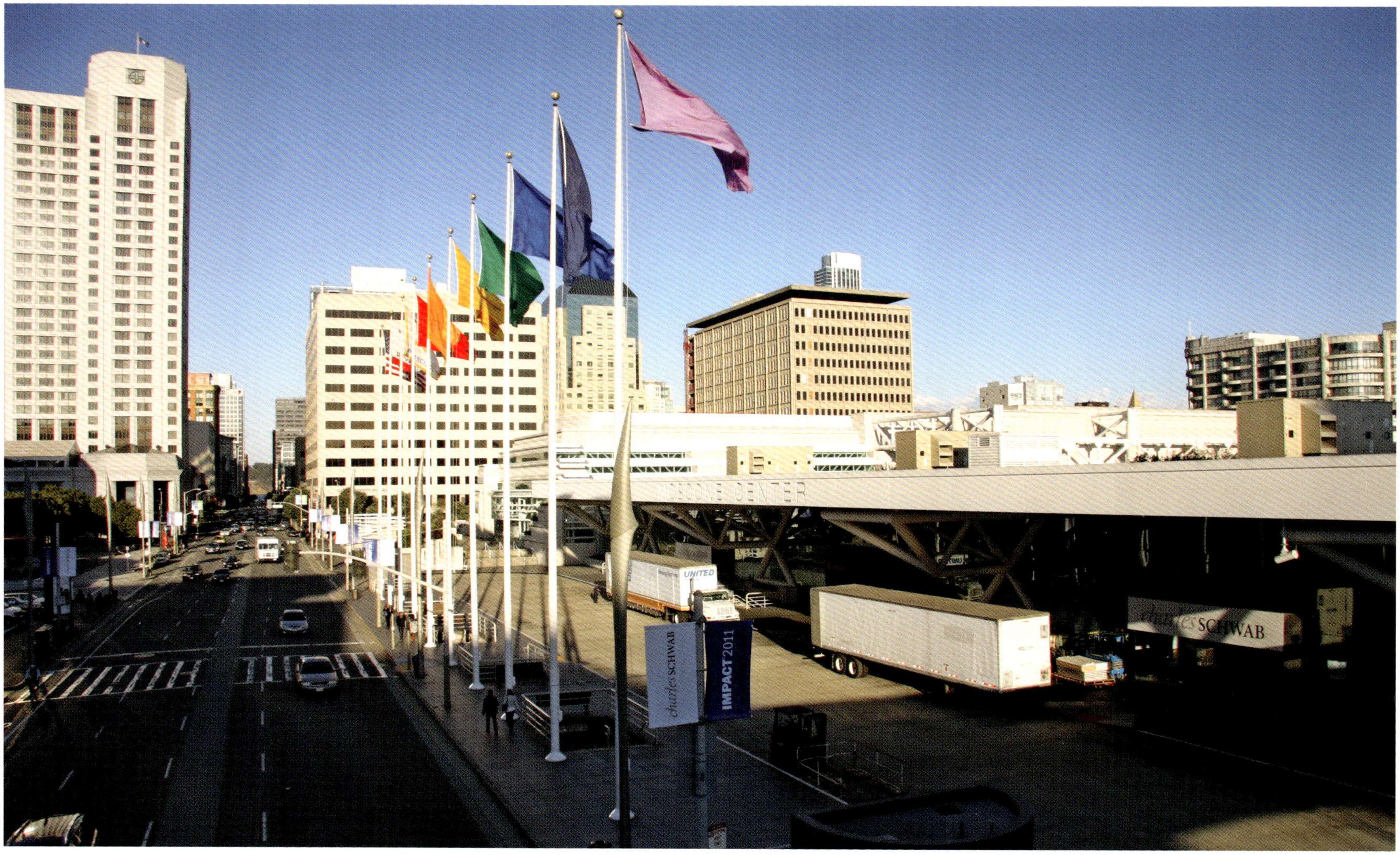

PARK

YERBA BUENA GARDENS
Closed

SAMOVAR
TEA LOUNGE

YERBA BUENA LANE

HOP
IC
TURE
UDINI
MAGIC

EL CAPITAN
EL CAPITAN
EL CAPITAN
PED XING

好莱坞星光大道
Hollywood Walk of Fame

The GRILL On Hollywood
Steaks · Chops
Seafood

Kodak Theatre
SEPHORA
Kodak Theatre
EXPRESS

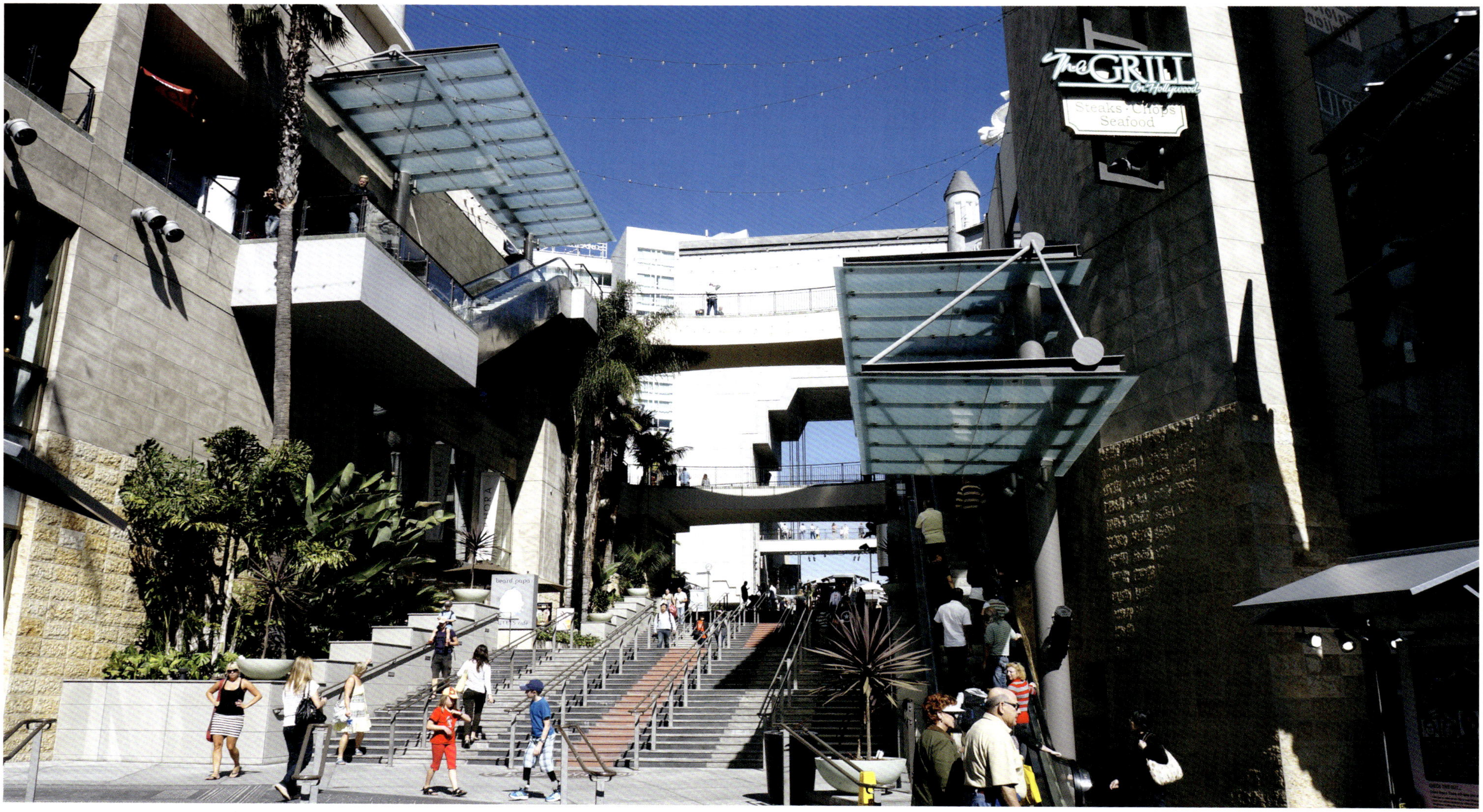

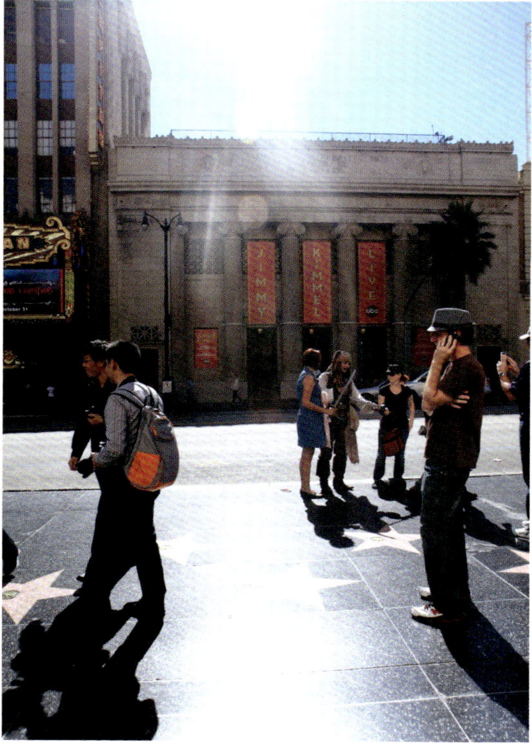

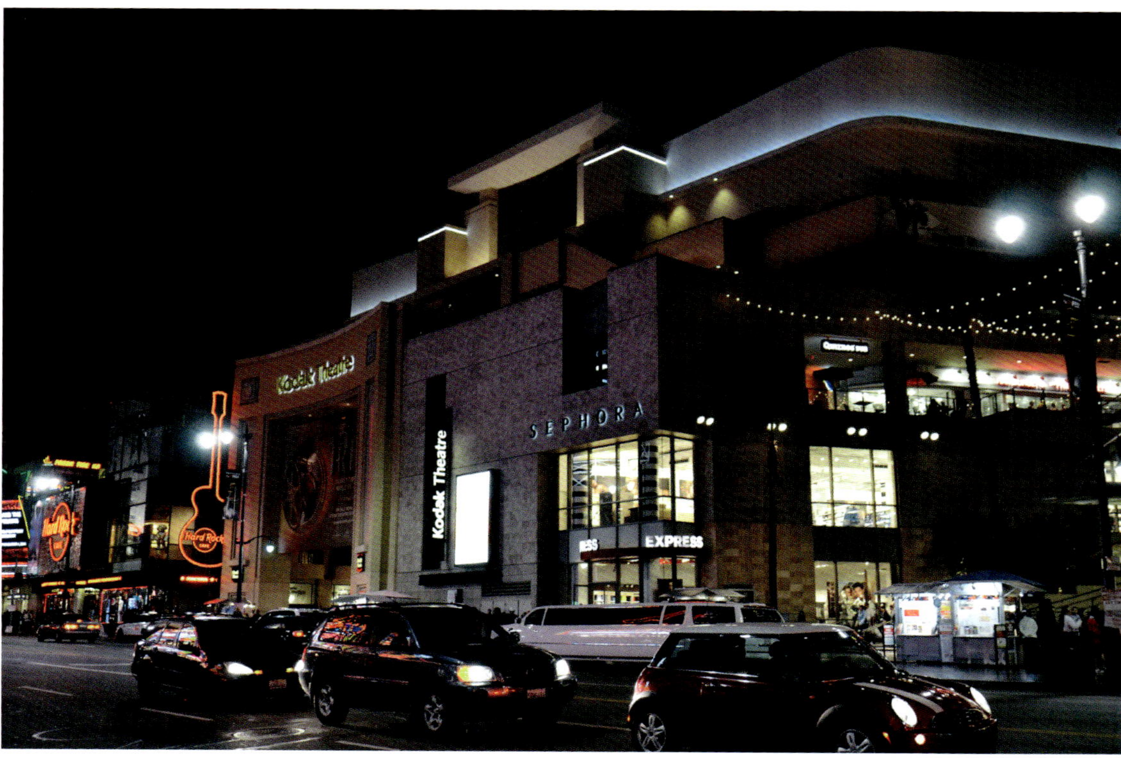

LEASE
JOHN TRONSON
STEVE TRONSON

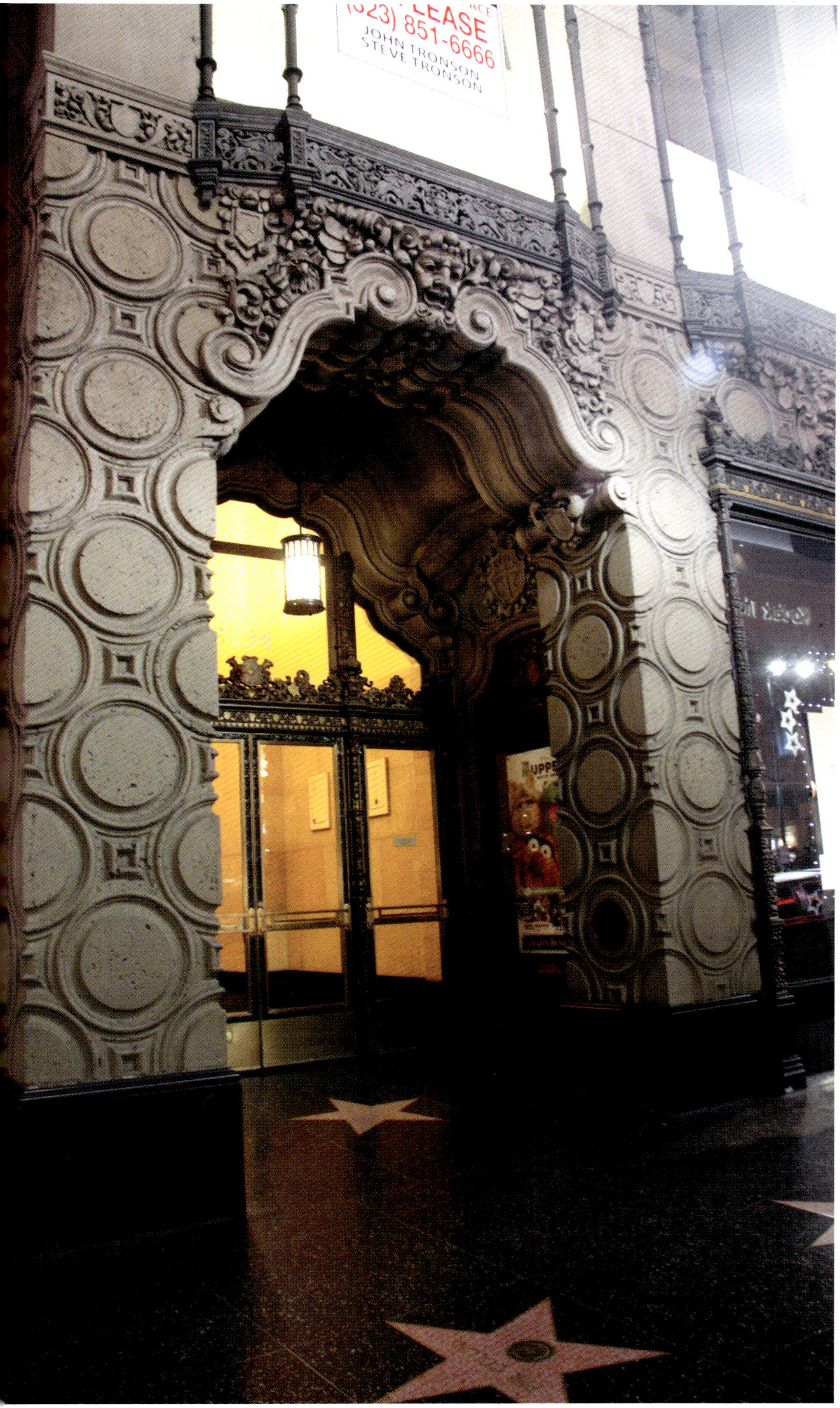

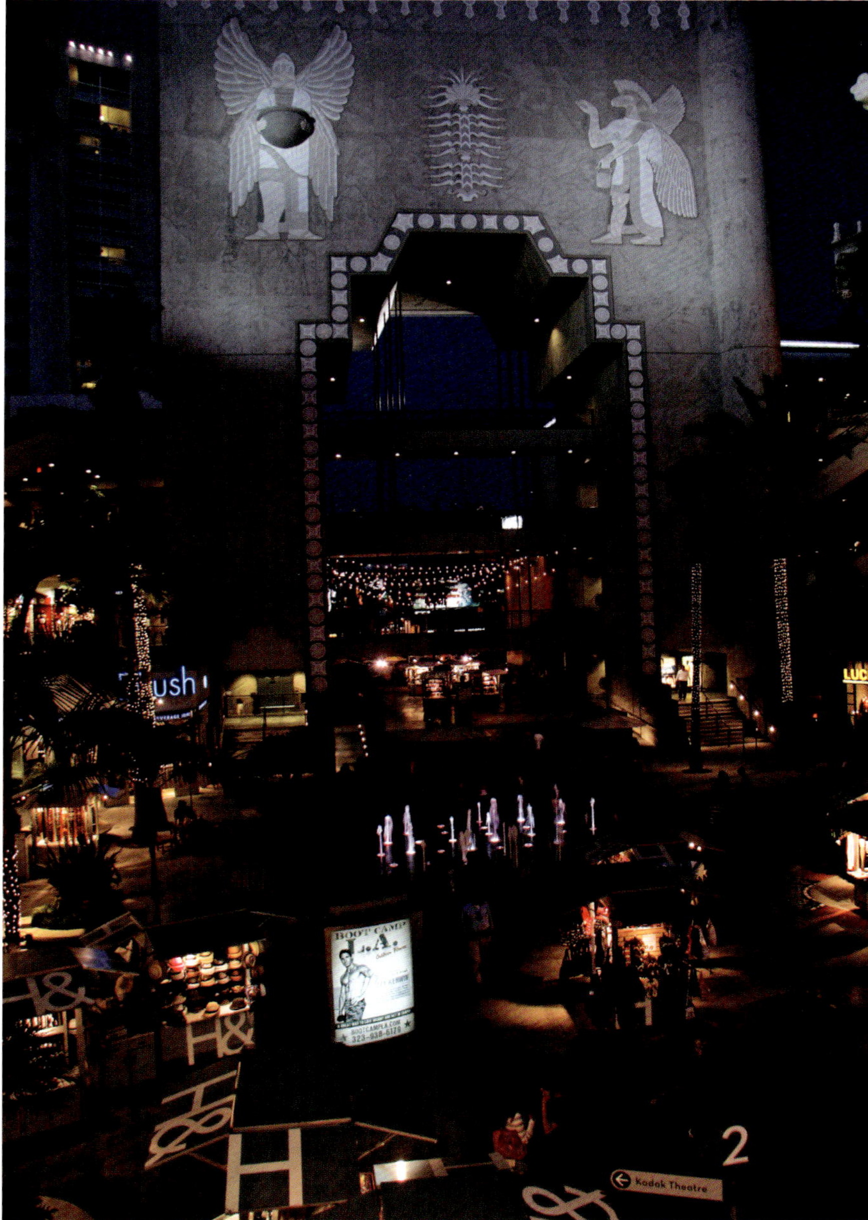

Kodak Theatre

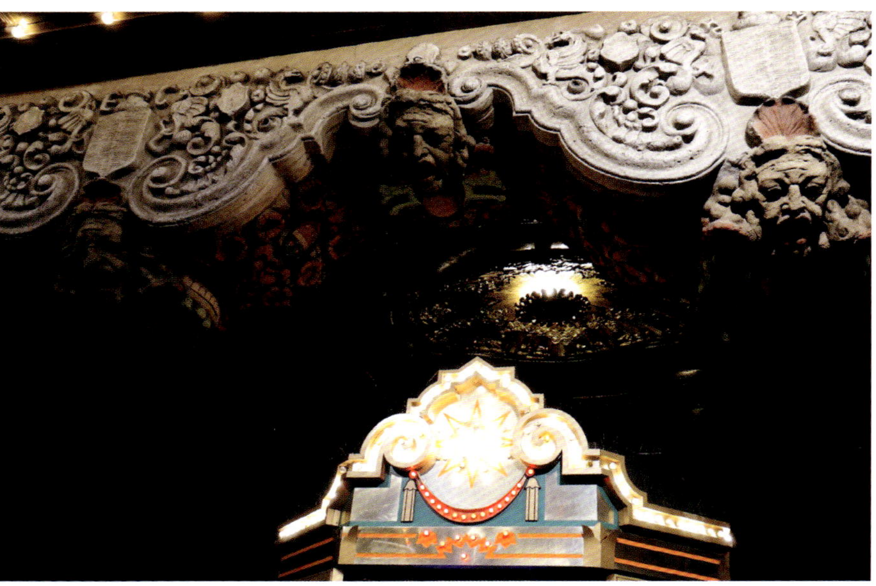

GUESS
BCBGMAXAZRIA
Sushi & Shabu Shabu

FOSSIL

EL CAPITAN
Disney's

Disney's
Budget

BoHo
GASTROPUB
HOT TOPIC
bebe
D'lush
DELUXE BEVERAGE JOINT

bebe

to write a screen
play. I refused to
sell it unless the
studio agreed to
let me play the
lead. —Actor/
Writer/Producer

3
4
5

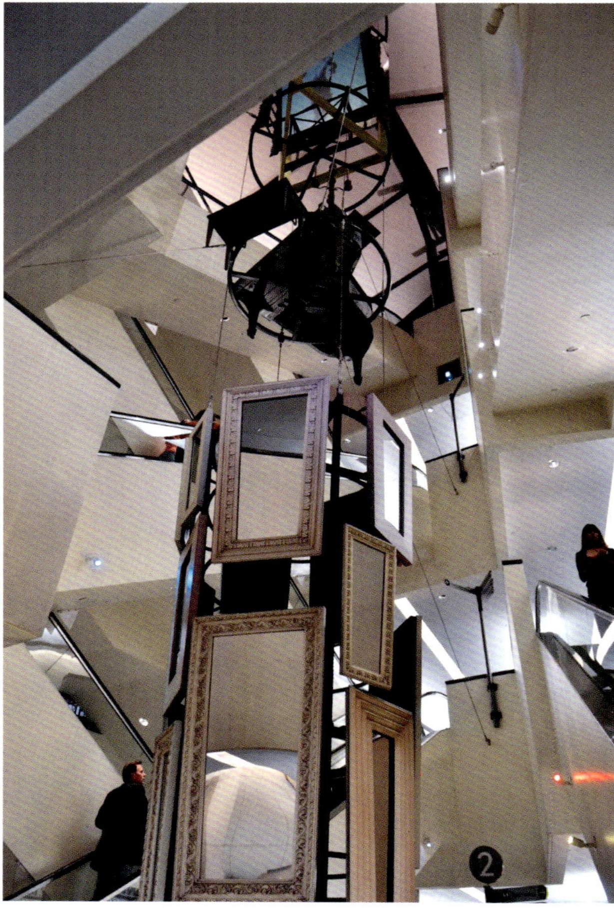
2

5
4
3
2

CIRQUE DU SOLEIL
IRIS
TICKETS AVAILABLE AT BOX OFFICE ON LEVEL 1
CIRQUE DU SOLEIL
IRIS
Kodak Theatre

STOP

Sanrio
SUN'S UP

5
4
3
2
LEVEL 4
LEVEL 3
LEVEL 2

City Streetscape

城市街景

Examiner.

旧金山城市街区
Urban Blocks of San Francisco

FREEWAY ENDS
1/2 MILE
King Street
Embarcadero
2 LEFT LANES
EXIT
56

Fidelity
Fidelity

AHEAD
SONOMA

TOW-AWAY
NO STOPPING
ANY
TIME
"THE VNITY OF OVR
EMPIRE HANGS ON
THE DECISION OF
THIS DAY"
-W. H. SEWARD
ON THE ADMISSION
OF CALIFORNIA
V.S. SENATE
1850

1062

315

DO NOT BLOCK
BUS LANE AHEAD
MARKET

AT&T PARK

GALLERY 16
URBAN DIGITAL COLOR

SAN FRANCISCO
SFFM
WHOLESALE
FLOWER
MART
OPEN TO THE
PUBLIC
WARNING
THIS PROPERTY IS
UNDER 24 HOUR
VIDEO SURVEILLANCE

W. A. BECHTEL CO.
WAA TEE KAA

WELLS FARGO

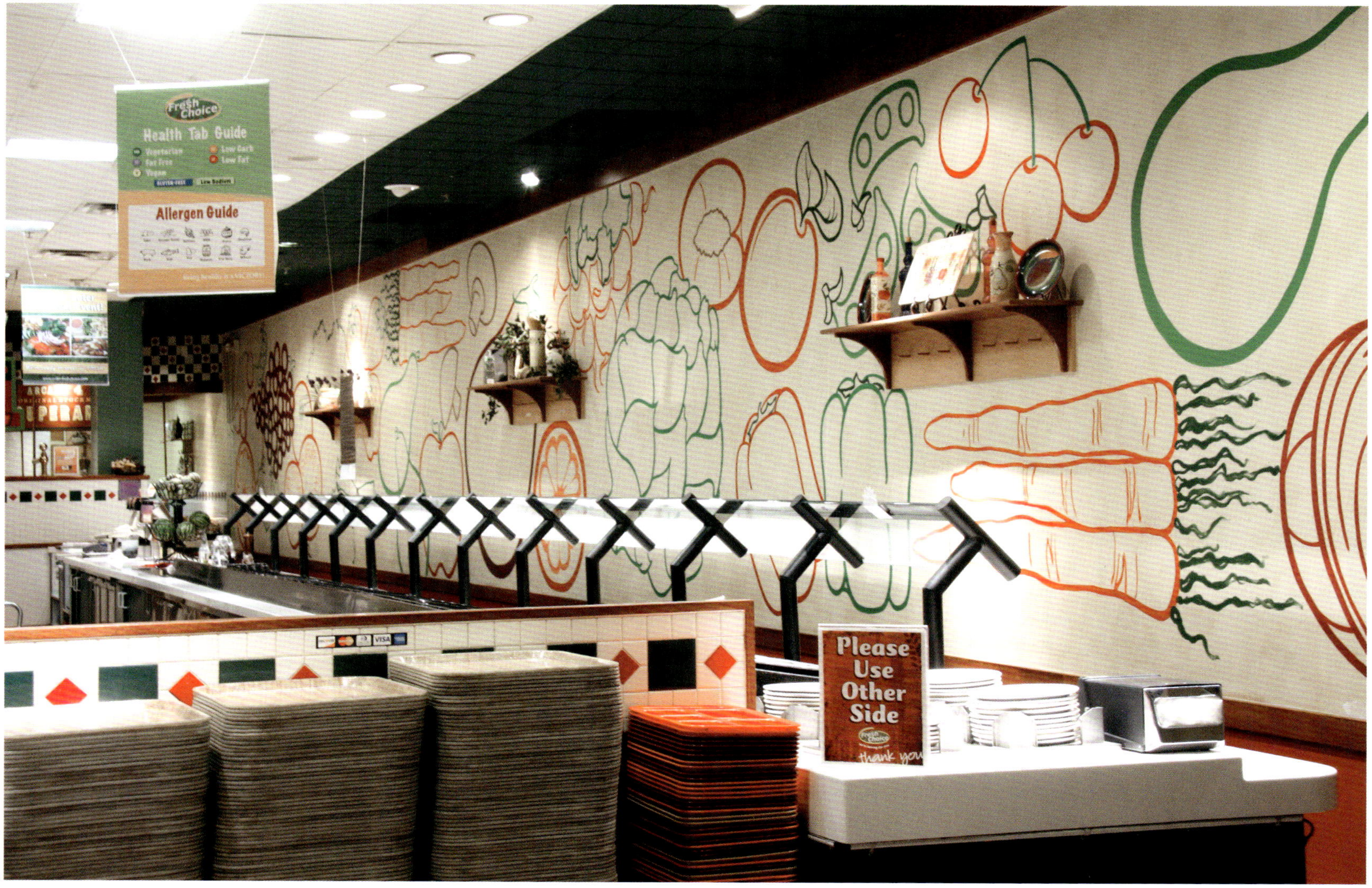

Flamingo
Flamingo
DONNY
& MARIE
George
Wallace
For President
Flamingo

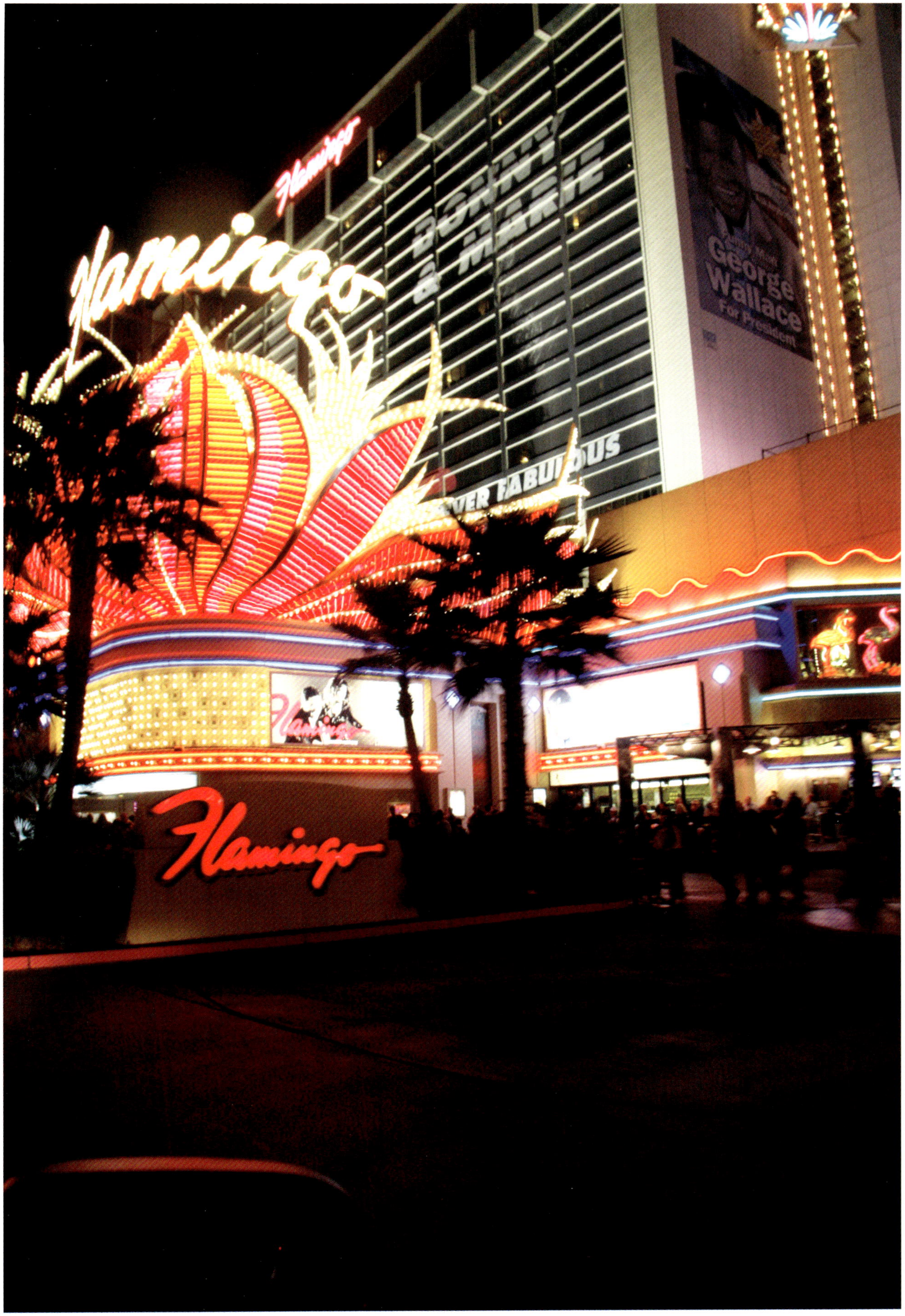

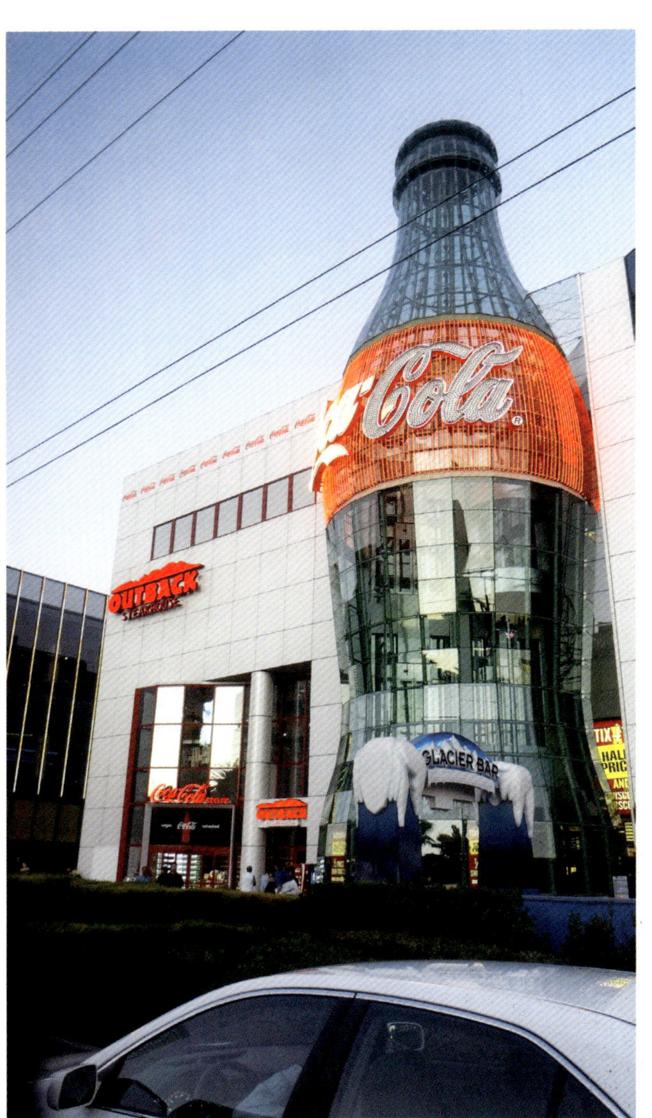

Coca-Cola
OUTBACK
GLACIER BAR

STOP

VENETIAN

Neil
Divas
FRANK MARINO

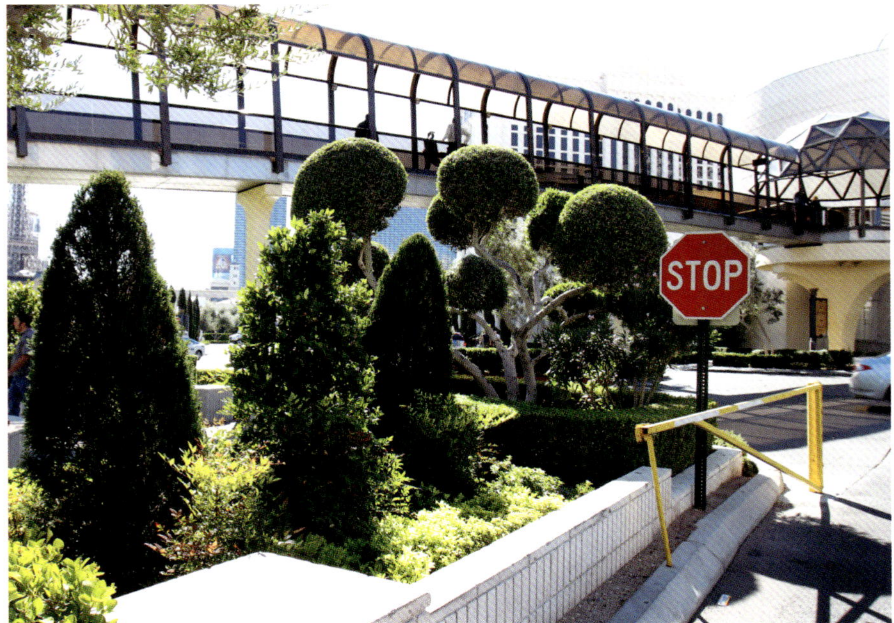

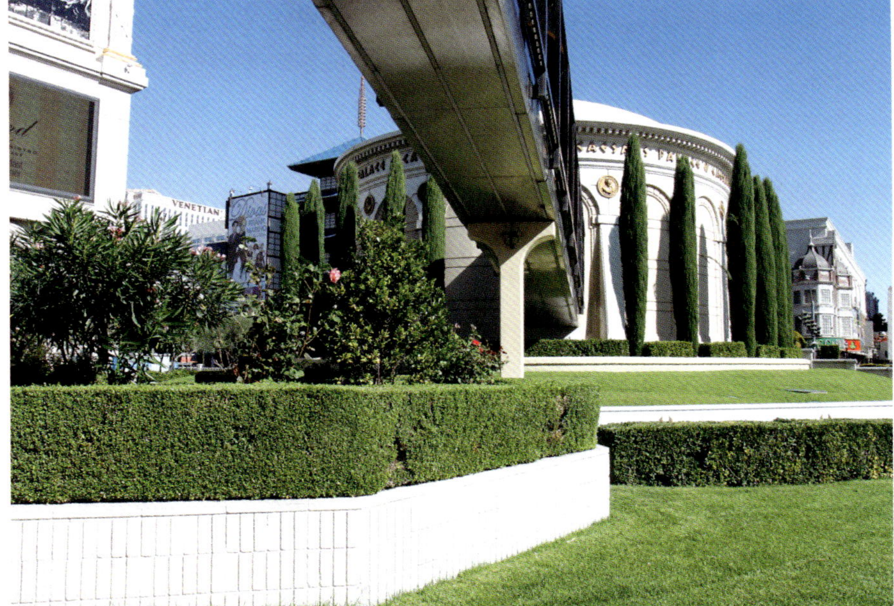

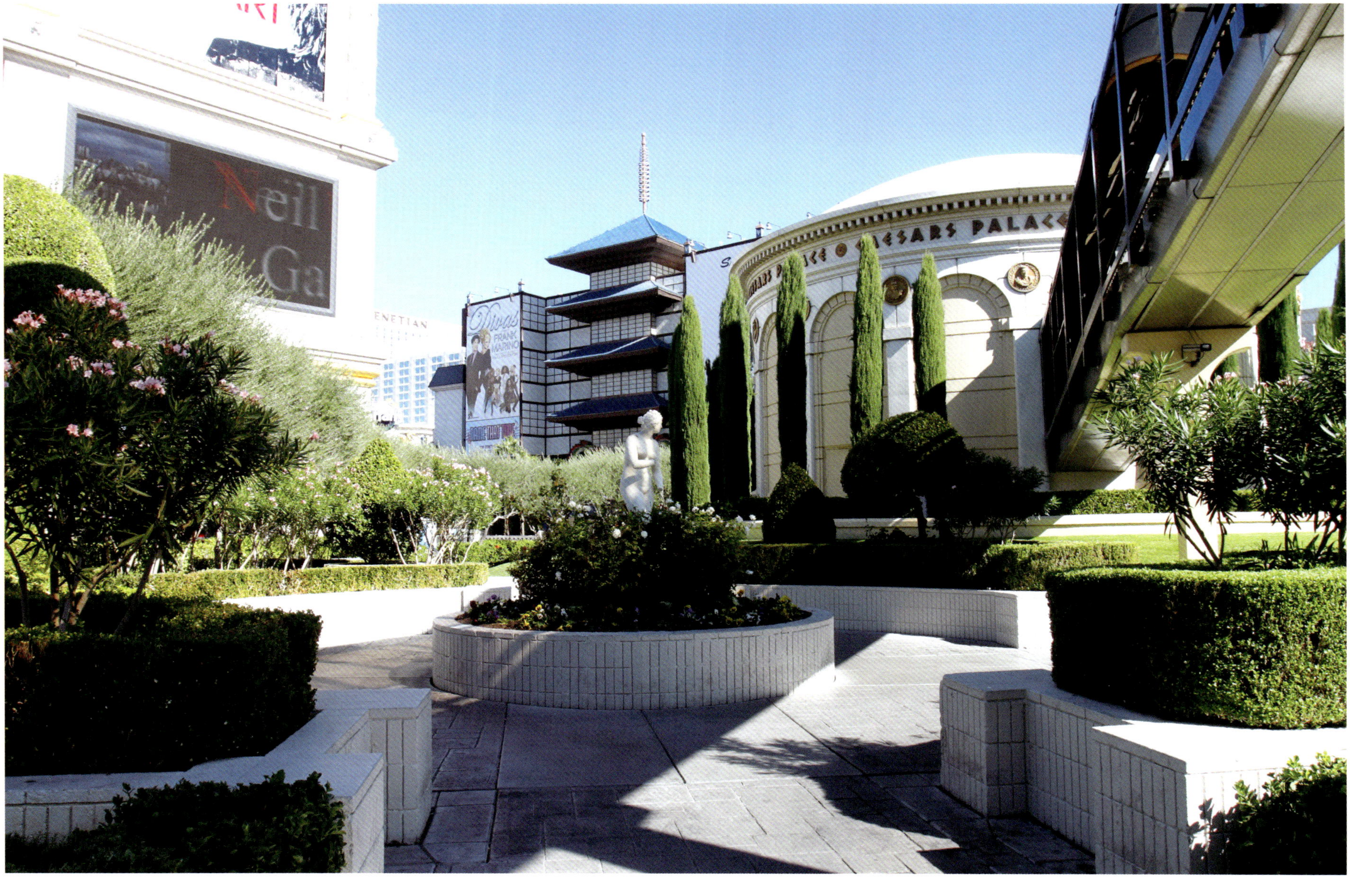

别墅区景观

459

ADT

325

ADT
ARMED PATROL
14979

14959

14979

341

14927

14909

ADT
ARMED PATROL

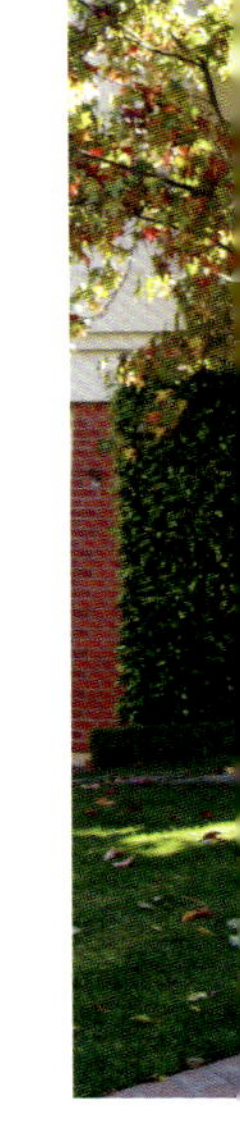

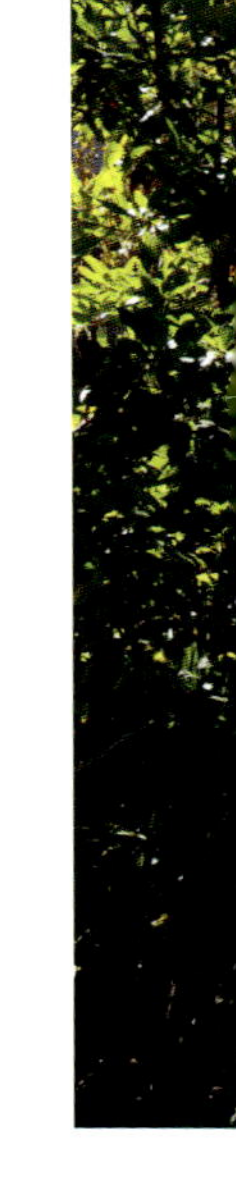

300
Turn Back NOW

440
TOYOPA DRIVE
HAPPYHILL

ADT

Landscape Sketch

景观小品

雕塑
Sculpture

Van Cleef & Arpels

TOW-AWAY
NO STOPPING
ANY

"THE VNITY OF OVR EMPIRE HANGS ON THE DECISION OF THIS DAY"
—W. H. SEWARD
ON THE ADMISSION OF CALIFORNIA V.S. SENATE 1850
TOW-AWAY
NO STOPPING
ANY TIME

ABRAHAM LINCOLN
1809 - 1865
16TH PRESIDENT
OF THE UNITED STATES

Please do not touch the sculpture.
Your shoes can scratch the surface.
Oil from your hands permanently damages the surface.

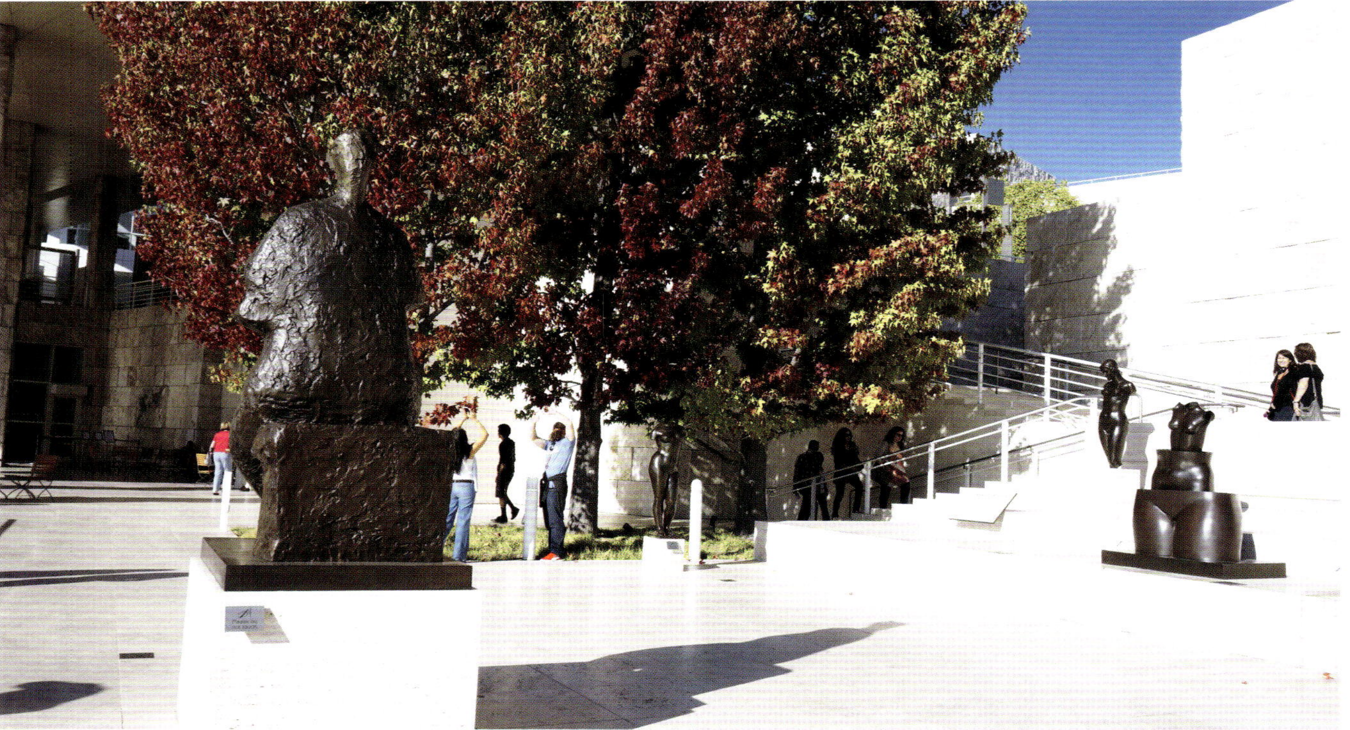

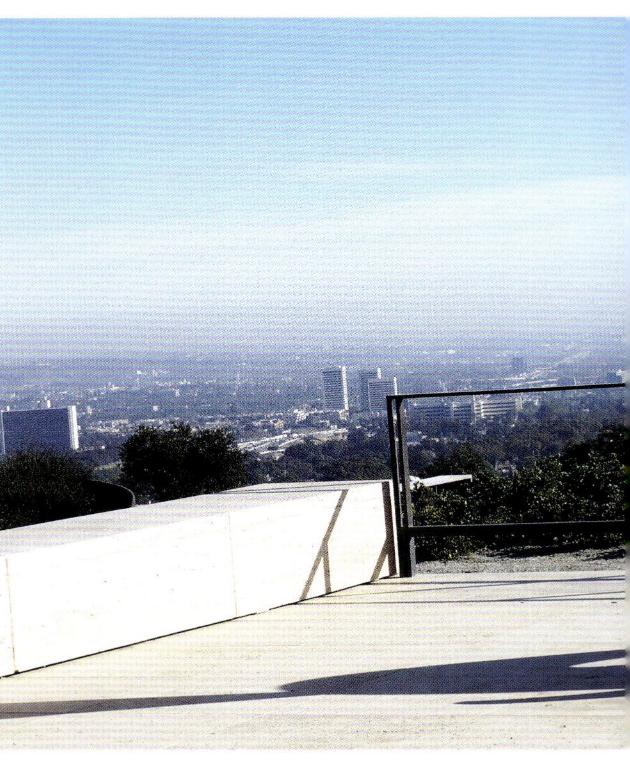

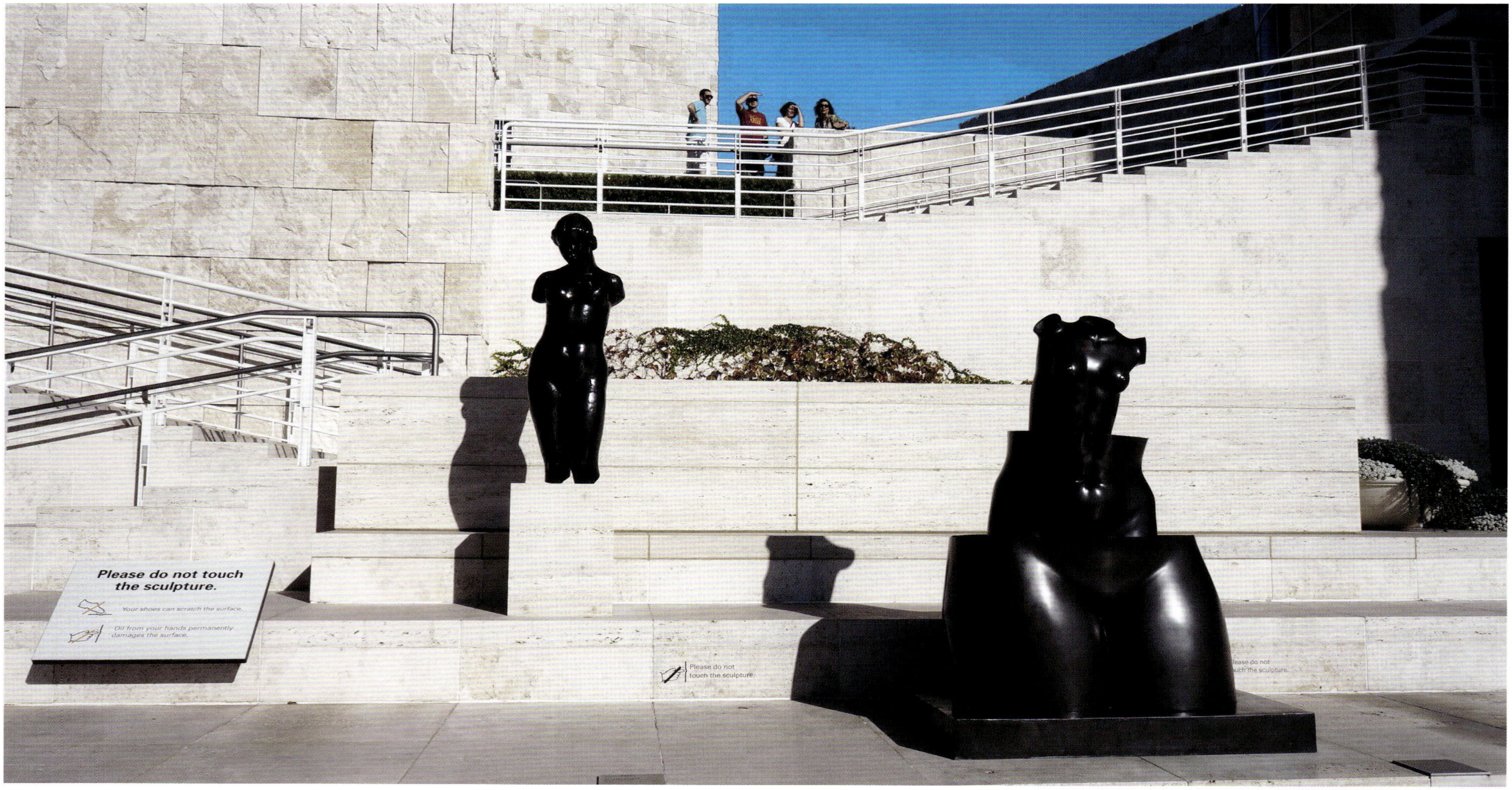

PENSKE

CLIFTON A. F. SPRAGUE
VICE ADMIRAL, USN
BORN 8 JANUARY 1896 - DIED 11 APRIL 1955
AWARDS
NAVY CROSS FOR THE 25 OCTOBER 1944 ACTION OFF SAMAR. ADMIRAL SPRAGUE WAS ABOARD THE ESCORT CARRIER USS FANSHAW BAY DURING THIS ENGAGEMENT.
LEGION OF MERIT MEDAL FOR HIS COMMAND OF THE USS WASP.
GOLD STAR IN LIEU OF SECOND LEGION OF MERIT FOR THE MOROTAI LANDINGS.
GOLD STAR IN LIEU OF THIRD LEGION OF MERIT FOR THE IWO JIMA AND OKINAWA OPERATIONS.
GOLD STAR IN LIEU OF THE FOURTH LEGION OF MERIT FOR OPERATION CROSSROADS.
PRESIDENTIAL UNIT CITATION TO TASK UNIT 77.4.3, THE ESCORT CARRIERS AND SCREEN HE COMMANDED OFF SAMAR.
PHILIPPINE PRESIDENTIAL UNIT CITATION TO TASK UNIT 77.4.3.
THE GUIDED MISSILE FRIGATE USS CLIFTON SPRAGUE (FFG-16) WAS LAUNCHED AT BATH, MAINE, ON 13 FEBRUARY 1980.
INDUCTED INTO THE CARRIER AVIATION HALL OF FAME IN CHARLESTON, SOUTH CAROLINA, ON 13 OCTOBER 1985.
PRESIDENTIAL UNIT CITATION
AWARDED TO TASK UNIT 77. 4. 3
USS ST. LO
CVE 63

THANKS FOR
THE MEMORIES
BOB

坐椅&树池
Seat&Tree Pool

METREON

MR. AND MRS. ARCHIBALD McCLURE

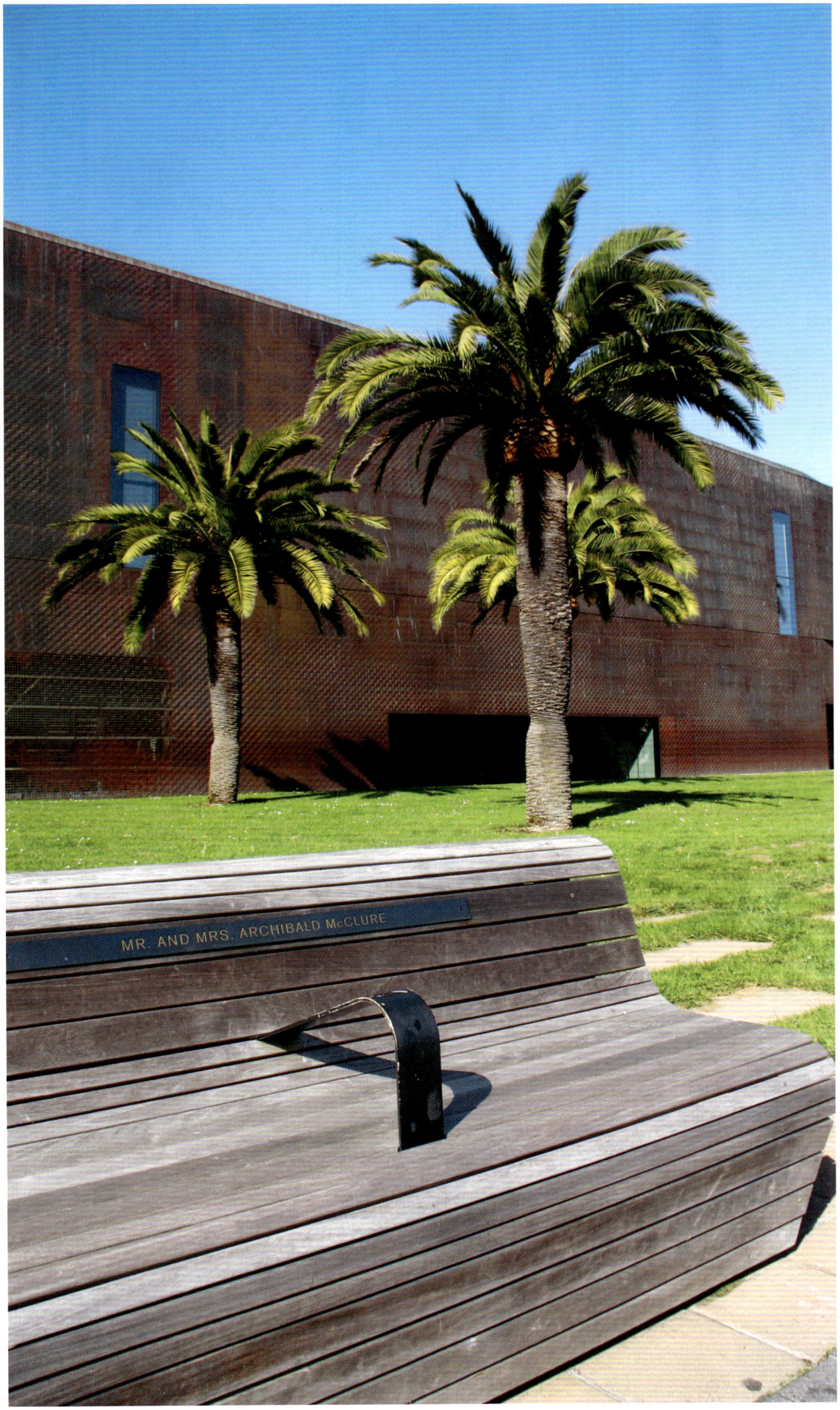

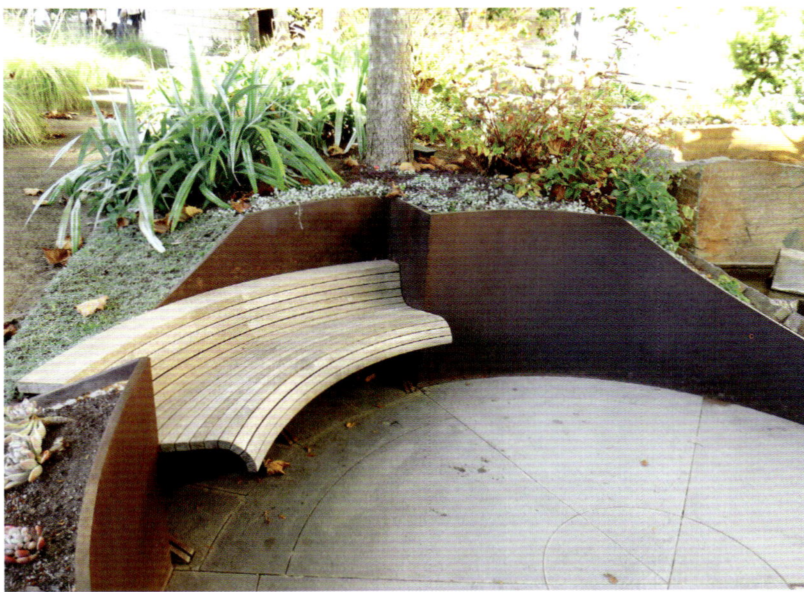

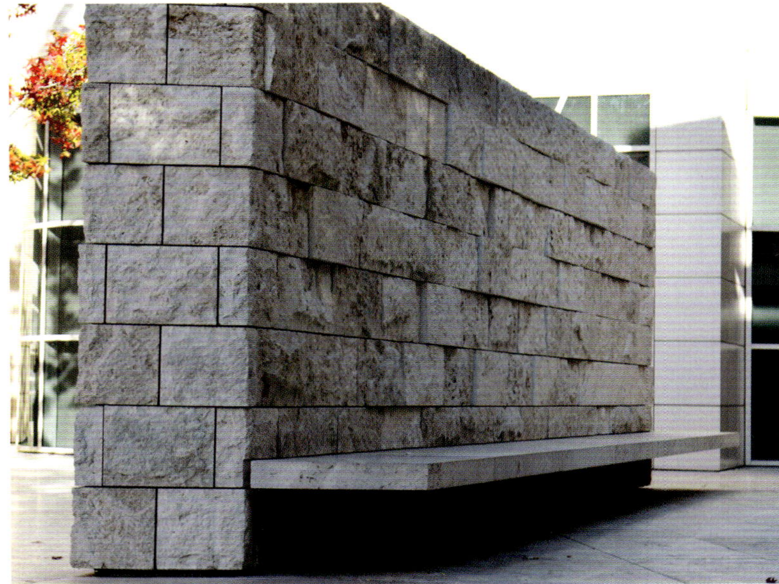

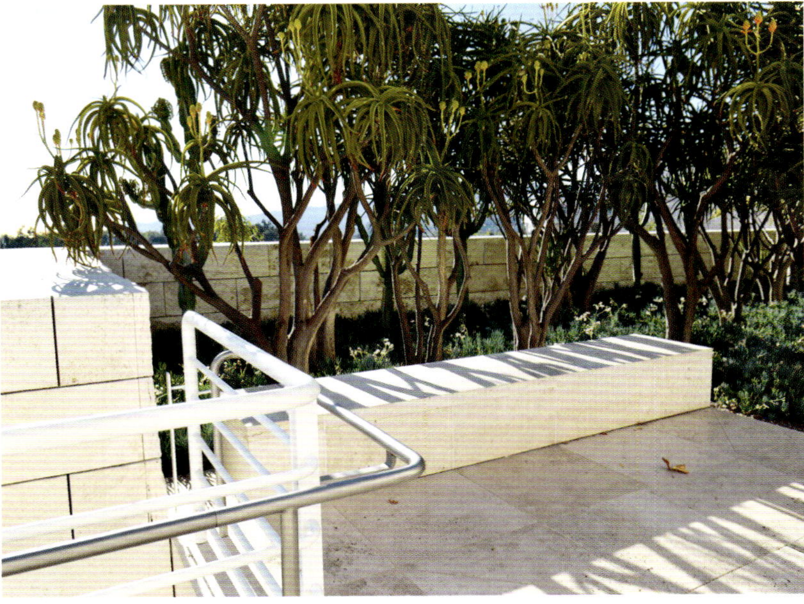

铺装
Paving

The Road to Hollywood
how some of us got here

ROYALTY

花絮 Titbits

VALLEY WELLS

Sasaki事务所

在旧金山，考察团还有幸参观了世界知名的Sasaki事务所（Sasaki Associates），并受到了Sasaki事务所负责亚太事务的董事Michael Grove 先生、资深景观设计师Melissa McCann女士和景观设计师张韬先生的热情接待。Sasaki事务所的设计师专门制作了幻灯片，向考察团成员生动地展示了事务所的创建历史及其富有灵感和创新意味的作品。Sasaki事务所由美籍日裔建筑师佐佐木英夫（Hideo Sasaki）于1953年在美国建立，业务范围涉及城市设计、城市规划、景观设计与规划、建筑设计等各个领域，并打破地域限制——从美国本土扩展到世界各地。几十年来，事务所不断进行自我完善，并一直是美国最出色的城市设计、景观设计事务所之一。事务所设计的项目分布世界各地，不但在国际上享有盛誉，同时也得到了大量建筑和规划奖项的直接肯定，如美国俄亥俄州克利夫兰门户区城市设计、韩国釜山港、法国巴黎迪士尼乐园、中国珠江城市设计和概念规划及中国黄浦江远景规划等。Sasaki事务所力图根据客户的具体需求和项目的不同情况做出有针对性又与当地环境紧密结合的出色设计，秉承了佐佐木先生多领域相结合的设计理念，一如既往地在繁杂的设计项目中追求创新。Sasaki事务所的设计师深入细致的讲解令考察团成员开拓了视野，获益匪浅。之后由设计师自由提问，考察团成员就目前国内景观设计领域内的一些专业问题与美国设计师友好而深入地交换了意见，双方各抒己见、取长补短，交流气氛十分融洽。考察团成员对此次参观交流活动给予了很高的评价，纷纷称赞这是一次非常有意义的行业交流。

美国西海岸的景观可谓异彩纷呈，充分展现了美国文化多样性的特点，沿途欣赏到的丰富多彩的景观建筑，令人目不暇接。设计师们畅游在多元文化汇集的国度中，时刻感受着提倡并实践着人人平等自由、注重创造革新的美国精神和充满激情的创意氛围。而美国设计师严谨务实、精益求精的工作态度也给考察团的成员们留下了深刻的印象。本次美国西海岸考察活动不仅为设计师们打开了一扇领略异域风情的窗口，同时为中美两国的景观设计师构筑了一座沟通的桥梁，通过在专业领域深入地交流，促进了双方的共同发展。

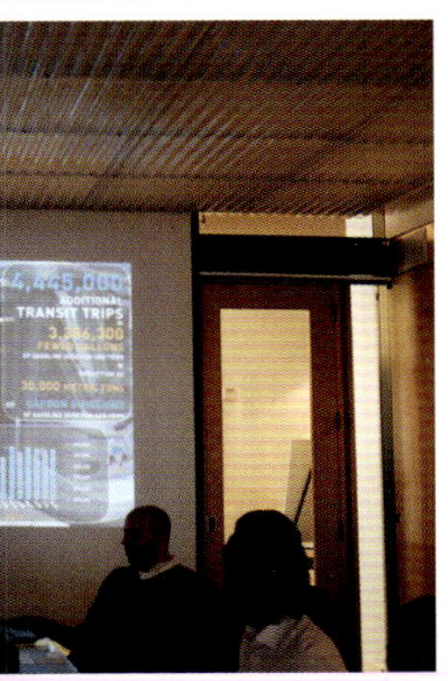
TRANSIT TRIPS